U0359848

毛健，工学博士，教授，博士生导师。中组部“万人计划”领军人才，科技部中青年科技创新领军人才，中国酒业科技领军人才，科技部传统发酵食品首席科学家，享受国务院政府特殊津贴，江南大学传统酿造食品研究中心主任，国家黄酒工程技术研究中心副主任，江南大学（绍兴）产业技术研究院院长，海洋生物资源高值化利用与装备开发广东省工程研究中心主任，中国酒业协会露酒分会副理事长、露酒分会技术委员会副主任。长期从事传统酿造食品、功能食品及海洋食品的微生物、风味、功能化和工程化研究，以及其相关产品的深度开发与应用。创新露酒风味的同时，利用药食同源、新资源食品原料与优质的黄酒、白酒酒基，通过“风味组学”“君臣佐使”中医药理论及“靶向分子配伍增效”调控技术，成功实践中国工程院孙宝国院士倡导的功能与风味双导向理论思想，提高了露酒产品的健康功能及饮后舒适度，并实现工业化应用。主持国家863计划、国家自然科学基金重点及面上项目、国家科技支撑项目等国家级科研项目11项，发表学术文章190余篇，获授权国家发明专利81项、国际发明专利3项，作为第一完成人荣获国家技术发明奖二等奖1项、中国专利银奖1项，荣获省部级科技奖励36项。

毛健 编著

Lujiu
Chinese National Alcohols

化学工业出版社
·北京·

内容简介

露酒是以中国特有的“药食同源”为理论，用不同的加工方法生产而成的，是我国自成体系的一个酒种。露酒拥有独特的物质和文化内涵，包含着千年来前人对酒的深刻认识，具有深厚的历史文化积淀、科学与健康价值。本书以露酒为主题，内容涵盖了露酒发展历史、露酒酒基生态酿造过程及酿造工艺、露酒的风味表达、露酒的养生功效、现代科技下露酒产业的科技突破、未来发展方向等。全书图文并茂，旁征博引，可使读者对露酒定义、生产过程、饮酒科学等知识有更全面、客观的认识。

图书在版编目（CIP）数据

国酒．露酒/毛健编著．—北京：化学工业出版社，2023.10

ISBN 978-7-122-44263-5

Ⅰ.①国…　Ⅱ.①毛…　Ⅲ.①露酒-介绍-中国　Ⅳ.①TS262

中国国家版本馆CIP数据核字（2023）第179128号

责任编辑：赵玉清　　　　文字编辑：周　倜
责任校对：李雨晴　　　　装帧设计：尹琳琳

出版发行：化学工业出版社
（北京市东城区青年湖南街13号　邮政编码100011）
印　　装：北京瑞禾彩色印刷有限公司
880mm×1230mm　1/32　印张$5^1/_4$　彩插1　字数85千字
2023年10月北京第1版第1次印刷

购书咨询：010-64518888　　售后服务：010-64518899
网　　址：http://www.cip.com.cn
凡购买本书，如有缺损质量问题，本社销售中心负责调换。

定　　价：49.80元　　

露酒与白酒、黄酒一样，是世界上独一无二、极具东方民族特色的酒种，是中国国酒。我国的露酒酿造历史可追溯到殷商时期，秉承“药食同源、酒医同源”理念，伴随着华夏文明发展传承至今，几经时光的雕琢，在岁月的涟漪中从未间断散发芳香。3500多年来，以药食两用的动植物精华为“灵魂”，以及多样化的酿造工艺赋予了露酒无可比拟的品鉴价值、文化价值、健康价值及科学价值。

近年来，随着“健康中国2030”国家战略的深入实施，饮健康酒、健康饮酒成为越来越多消费者的共识，自带健康属性的露酒关注度日益上升。《饮料酒术语和分类》（GB/T 17204—2021）国家标准的颁布，也正式为露酒“正名”，将露酒与药酒、保健酒、配制酒明确区分开来，成为发酵酒、蒸馏酒、配制酒外的第四类饮料酒。新国标对露酒酒基、原料、工序的严苛要求，成为露酒品质升级的强大推动力，也为露酒的发展带来新的机遇。同时，现代酿酒科技的进步，使露酒的传统与现代相得益彰，更多个性化、多元化、健康化的露酒产品应运而生，百花齐放。鉴于新国标实施不久，当前公众对露酒的认知不够清晰，因此，加强露酒科普、弘扬露酒文化、深入挖掘露酒价值、讲好露酒故事，成为我国露酒产业发展的当务之急。

本书以通俗生动的语言，图文并茂地介绍了露酒的定义、历史文化、酿造工艺、原料来源、风味特色、健康养生功能、行业代表性产品、创新科技等知识，并从多个角度答疑消费者购买、饮用、贮存露酒时重点关注的问题。本书篇幅简短、文字精练，但内容丰富翔实，特色鲜明，是一本非常适合公众了解露酒知识的科普书籍。本书作者毛健教授与其所在单位江南大学传统酿造食品研究中心长期从事露酒、黄酒、白酒等领域酿造微生物、风味、功能化和工程化研究，科研成果突出且已经广泛应用于露酒等产品的生产，推动了我国露酒产业的科技进步、风味与品质的提升。

相信本书的出版和传播一定会使读者对露酒形成较为全面、客观的认识，释疑解惑的同时，引领读者在美酒时代感受当传统拥抱科技与变化之时，中国露酒的新魅力。

2023. 9. 2.

中国工程院院士

2023年9月

序2

露酒如朝，润泽甘美，天人共酿，源远流长。露酒始于商周、盛于唐元、丰于明清，贯穿于华夏文明的发展史中，拥有独特的精神内涵和深厚的文化积淀，是极具民族传统风格的古老酒种。中国的白酒、黄酒皆为“人神共酿”的天酿美酒，天酿之后，必有善作方得其露。药食同源，历史沉淀，匠心传承，创新探索……独树一帜的酿造技艺与文化，使露酒在历史长河中不断绽放食酒交融、自然和谐、健康摄生之美，成为中华酒林活态文化遗产的卓越代表。

中国幅员辽阔，地大物博，广袤的地缘优势和多元化的产区原料，为露酒产品的开发提供了广阔的天地，使露酒产区发展和而不同，美美与共。传统露酒的酿造多数源于国医验方，或出自典籍秘方，以追求验方作用为核心，忽略了感官体验，限制了消费场景。而传承与创新，是时代的主旋律，只有传承，没有创新，历史就会停滞不前；抛弃传统忘记本来，就会迷失方向。露酒新国标的实施，为现代露酒的发展指明了方向，同时提出了更高的品质要求：以白酒、黄酒为酒基，精选天然食品资源后经过加工、浸提、复蒸、提取等至善工艺或创新科技，从而达到风味与健康的完美统一。近两年来，露酒已超越黄酒与葡萄酒，成为中国第三大酒种，露酒行业枕戈待旦，在美酒美生活的时代日趋焕发新生。

与此同时，露酒行业仍存在品类认知模糊、缺乏形象产品、品质和口感受争议、宣传推广力度不足等问题，因此，弘扬露酒酿造历史、传承酿造技艺，探索露酒风味个性化、品质化，创新露酒科技、驱动品类提升，唱响露酒文化、讲好露酒故事刻不容缓。江南大学传统酿造食品研究中心主任毛健教授编著的《国酒　露酒》一书，为我国露酒行业首部科普书籍，结合毛健教授团队多年来的研究成果，涵盖了从露酒千年历史文化传承与演变，到现代酿造科技突破创新；从多元化风味魅力到健康养生之属性；从露酒品类认知到典型产品介绍；从露酒未来发展方向到热点问题解答等方面的思考与总结，极富科普性、文化性、趣味性。

长日已来，不负时代。相信《国酒　露酒》的出版，可以加快露酒重回大众视野的步伐，让消费者对露酒形成更为清晰、全面、深刻的认知，在美酒时代更好地传承露酒文化，弘扬露酒价值，展现露酒芳华。

中国酒业协会理事长

2023年9月

露酒是全球浸提酒的鼻祖，是根植东方文化、具有浓郁民族特色的中国国酒，至今已有3500余年发展历史。露酒以中国特有的“药食同源”为理论，用不同的加工方法生产而成，自成体系，包含着千百年来前人对酒与药融合机制的深刻认识，具有深厚的历史文化积淀、科学与健康价值。在我国，历代各朝都有关于露酒生产的记录，民间亦流行不少饮用露酒的习俗和制法，如正月的屠苏酒、端午的雄黄酒、中秋的桂花酒、重阳的菊花酒，以及具有千年历史的竹叶青酒及五加皮酒、茯苓酒、羊羔酒等，露酒丰富多彩的饮酒文化为中国酒文化的发展留下了深刻的传承脉络。

新中国成立以后，无明确国标、酿造技术落后的露酒一度成为市场的边缘产品，近年来在“大健康”与“国潮”的发展浪潮下，随着国家标准《饮料酒术语和分类》、团体标准《露酒》和《露酒年份酒（白酒酒基）》的发布，再次让露酒成为行业瞩目的焦点。站在高质量发展的“十四五”时代路口，在中国酒业协会的指导下，劲牌、汾酒、五粮液、泸州老窖、海南椰岛五大露酒头部企业也充分发挥“头雁”作用，携手共谋中国“未来之露”发展大计。露酒行业凝心聚力，力求从历史文化价值、时代需求、科技赋能、风味与健康升级等多角度使消费者更好地了解露酒、认识露酒、喜爱露酒，并着力构建健康、快乐的露酒饮用文化。可喜的是，近两年来我国露酒行业新产品不断涌现，逐渐打开“百花齐放、百家争鸣”的新局面，正以新的风采展现露酒芳华，彰显着中国露酒特有的价值与魅力。

科普为消费者走进露酒、认识露酒的第一步，本书是作者团队结合三十年在露酒、黄酒、白酒领域的探索研究成果以及行业经验撰写而成。本书诠释新国标下露酒定义的同时，介绍了绚丽多彩的露酒文化、天人合一的匠心酿造技艺、天然食物原料及酒基赋予露酒的多元风味和健康价值、露酒行业头部企业代表性露酒产品以及科技发展为露酒带来的无限展望，最后对消费者在购买、饮用、贮藏露酒时的关注问题给予解答。本书的出版，力求在向读者传播露酒文化和知识的同时，可以让读者潜心于时光中领略中国露酒之美，发现中国露酒更多价值。

本书由毛健负责组织编写统稿，参加撰写工作的还有周志磊、韩笑、刘甜甜、汪婧、任青兮、蒋艺等。本书在编写过程中得到了多位行业专家的指导与帮助，特别感谢中国酒业协会宋书玉理事长，杜小威副秘书长，露酒分会王旭亮秘书长，在本书撰写过程中给予的莫大帮助。

由于水平与时间的局限，书中难免存在不足和疏漏之处，敬请各位读者批评指正。

毛健

2023年9月9日

江南大学

目录

露酒如朝，千年飘香

匠心善作，天酿玉露

草木行酒，品味奇芳

食酒交融，滋养补益

露酒五雄，铸就经典

科技赋能，唱响未来

露酒十问

露酒如朝，
千年飘香
露酒

1 露酒是什么

露酒与白酒、黄酒一样，是根植东方文化、具有中华民族特色的古老酒种，同时也是全球浸提酒的鼻祖，至今已有3500余年发展历史。露酒以中国特有的“药食同源”为理论，用不同的加工方法生产而成，是我国自成体系的一个酒种。露酒拥有独特的物质和文化内涵，是集健康、风格幽雅独特、彰显产区品性的高品质产品，包含着千年来前人对酒与药融合机制的深刻认识，形成了深厚的历史文化积淀，具有科学与健康价值。

露酒该如何定义呢？ GB/T 17204—2021《饮料酒术语和分类》国家标准正式解读了露酒的属性，露酒被定义为：

“以黄酒、白酒为酒基，加入按照传统既是食品又是中药材或特定食品原辅料或符合相关规定的物质，经浸提和/或复蒸馏等工艺或直接加入从食品中提取的特定成分，制成的具有特定风格的饮料酒。”这一国家标准的发布，使露酒从配制酒中分离出来，成为在发酵酒、蒸馏酒、配制酒外的第四类饮料酒。

过往，露酒多被认为是药酒、保健酒，但新国标的颁布，使三者有了明显不同。露酒属于食品范畴，对酒基、加入物质、制作工艺以及产品风格均做了严格的限定。天然酿制，不含任何化学添加剂的露酒有助于调节人体生理机能、扶正机能、增强抵抗力等保健功能，是一般成年人可以日常饮用的饮料酒。不同于露酒，药酒是中药材和酒的融合体，以动、植物药材为主要原料，以白酒、食用酒精为酒基，浸泡或调配而成。药酒属于药品范畴，分为疗效类和滋补类，将药物的有效成分最大限度溶解在酒中，提升风味的同时，充分发挥酒与药结合而成的功效，具有补益强身、预防和治疗疾病的作用。保健酒属于保健食品范畴，除了用国家标准中露酒可用的药食同源物质作为原料之外，也可使用国家规定的其他中药材或添加剂为原料入酒，且可以用食用酒精配制。从酿造工艺来看，保健酒工艺并未明确，目前以浸泡和添加特定成分提取物为主，相较而言，露酒酿造工艺更明确、更严苛。虽然保健酒可开发的产品品类相较露酒更加丰富，但只是适用于特定人群饮用（一般不推荐普通人长期饮用），从食品安全性和食用广泛性来看，露酒接受度更高。

露酒是中国独有的，英文表达是“Lujiu”，在世界饮料中具有独特地位。“天酿之后必有善作方得其露”，天然食品资源的精选、加工、浸提、复蒸、提取等工艺技术，都需要追求至善，方可酿制出上佳的露酒。露酒给予消费者的是兼具风味与健康属性的饮料酒。

2 源于殷商：露酒由“鬯”而来

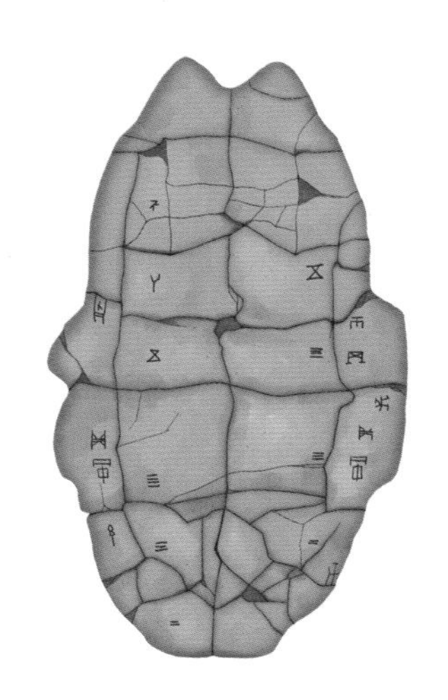

作为具有浓郁民族特色的千年古酒，在中国，历代各朝都有关于露酒的记录。我国最早的露酒可追溯到殷商时期，随着养生文化的兴起而出现。当时甲骨文中记载为“鬯（chàng）”，用黑黍酿制，并加入郁金草，是重大节日和活动庆典时用的高级香酒，被认为是最早的露酒雏形。鬯还具有防腐的效果，《周礼》中记载：“王崩，大肆，以鬯。”意思是说帝王驾崩后，用鬯酒洗浴其身，以保持不腐。

汉代经学大师郑玄注《周礼·春官》中有“郁，郁金香草，宜以和鬯”。唐朝经学家孔颖达在《正义》中对“鬯”这样解读：“以黑黍为酒，煮郁金之草，筑而和之，使芬香调畅，谓之秬鬯。”诸家解释大致相同，皆以鬯为香酒，是中国最早的露酒，并指明其用郁金香调制。但“秬鬯”仅见于周代金文及史书记载，商朝只有“鬯”，未出现“秬鬯”一词。

从甲骨文所描述的鬯酒的数目来看，可见商朝时期人们对酒的喜爱。他们每次举办大型活动，总会搬出大量的酒，相比后来的周朝时期要铺张很多。《诗经 · 大雅 · 荡》记载："咨汝殷商，天不湎尔以酒，不义从式，既愆尔止，靡明靡晦，式号式呼，俾昼作夜。"《史记 · 殷本纪》中记载纣王"以酒为池，县肉为林……为长夜之饮"，由此可见当时纣王时期的统治阶层酗酒成风。商人的酗酒风气不仅体现在统治阶层，一些中上层平民也沾染了好酒的风气。同时，商代的酒器已经形成了完整的体系，每件都有它专有的用途，各类酒器还可以相互搭配和整合。总之，商朝时的酿酒技术已经非常成熟，丰富的饮酒文化为中国酒文化的发展留下了深刻的传承脉络。

3 拓于楚汉：香料入酒

从春秋战国时期到秦朝几十年间，长期战乱使经济发展一度停滞不前，随着汉朝建立，以谷物为原料酿制的酒自然被征服加以限制，相继颁布了禁酒、榷酒、税酒等政策。然而由于经济萧条，使得禁酒令名存实亡，反而促进了酒业的快速发展，酒类产品不断增加。汉代的露酒不单单使用黍米，而且基本都会使用香料来配制，按使用的香料来为露酒命名，如椒酒、桂酒、柏酒、菊花酒、百末旨酒等。李贤注：“椒酒，

置椒酒中也。”《汉书》卷12《平帝纪》引《汉注》云“腊日上椒酒”。《后汉书·文苑传下·边让》有“兰肴山竦，椒酒渊疏”的记载，反映出当时人们喜欢在节日饮用椒酒。

桂酒，用玉桂浸制得到的美酒。《汉书·礼乐志》：“牲茧栗，粢盛香，尊桂酒，宾八乡。”曹丕《大墙上蒿行》有“酌桂酒，鲙鲤鲂”。曹植《仙人篇》：“玉樽盈桂酒，河伯献神鱼。”白居易《宴周皓大夫光福宅》诗中有云：“绿蕙不香饶桂酒，红樱无色让花钿。”可见桂酒在宴席中必不可少。

柏酒是以柏叶串香的酒。中国传统习俗，在春节饮用。《明宫史·史集》记载，除夕子时，即正月初一之初始：“五更起……饮椒柏酒，吃水点心，即扁食也。”

在中国最早的药物分类目录《神农本草经》中，菊花被列为上品，具有散风清热、平肝明目的功效。古人一般会在秋季以菊花和糯米为原料酿制菊花酒，在重阳节饮用。东晋田园诗人陶渊明不仅偏爱菊花，还自己制作菊花酒以排解忧愁，留下“菊花酿酒可延年，两鬓丝丝绕鹤发”的诗句。

百末旨酒又称兰生酒，是汉宫里的名酒，集百花精华所酿。《汉书·礼乐志》中记载：“百末，百草华之末也。旨，美也。以百草华末杂酒，故香且美也。”由汉代文学家司马相如等人撰的《郊祀歌》第十二章称:“河龙供鲤醇牺牲,百末旨酒布兰生。”

汉代流行的椒酒、桂酒、菊花酒逐渐成了重要的节日用酒，有些饮酒习俗一直延续至今。

盛于唐元：酒基由发酵走向蒸馏

唐代时，露酒产量进一步增加，在人们的饮酒习惯中，露酒占有很大比例。此时露酒的酒基以发酵酒为主，同时加入动植物药材或香料，采用浸泡、掺兑、蒸煮等方法加工而成；也有些露酒在米酒酿制时在酒曲或酒料中加入药材香料，此为特制露酒。《金门岁节》中记载："洛阳人家端午作术羹、艾酒。"《秋日应昭》云："迎寒桂酒熟，含露菊花垂。"《六府诗》中这样记载："木兰泛方塘，桂酒启皓齿。"《和元八郎中秋居》中也记载道："酒用林花酿"，提到花卉酒的制作。可见，露酒在唐朝人的饮食生活中占据极其重要的地位，宴请、

聚会中都离不开露酒。由于使用发酵酒为酒基，唐代的露酒口感柔和，酒度很低，因此酒质不稳定，不宜久存。

元朝时，随着蒸馏酒的出现，使得露酒的酒基发生改变，从而解决了以发酵酒为酒基的露酒不能长期保存的缺点，中国露酒由此进入全面发展的新阶段。元朝露酒最大特点是滋补类露酒的崛起，人们常用酒浸渍药物、酒与药物共同发酵、以酒煎煮药物、药物与酒共同煨制等方法制作滋补类露酒。《居家必要用事类全集 · 己集》中就记载了有关神仙酒的制作方式，其功效为“专医瘫痪、四肢痉挛、风湿感挎重者”。刘因还为自己制作的地仙酒创作一首《黄精地黄合酿甚佳名地仙酒》。

此外，元朝时期枸杞酒、茯苓酒、蔷薇酒等露酒也颇受欢迎。《元史》卷137《察罕传》中记载：察罕任中书参知政事，元仁宗“尝赐枸杞酒，曰：以益卿寿”。张昱《松筠轩为湖北沈叔方赋》有云：“客来与酌茯苓酒，月出共看科斗书。”

意大利人马可 · 波罗来到中国后，对露酒非常感兴趣，在《马可 · 波罗游记》一书中写道，“契丹省大部分居民饮用的酒，是用米加上各种香料和药材酿制而成的。这种饮料，或可称为酒，十分醇美芳香。”这也从侧面体现出元朝高超的酿酒工艺，不止曲的发酵力增强，酒体中还能贯穿足量的药材香气。这是历史上马可 · 波罗第一次将中国露酒介绍给世界。

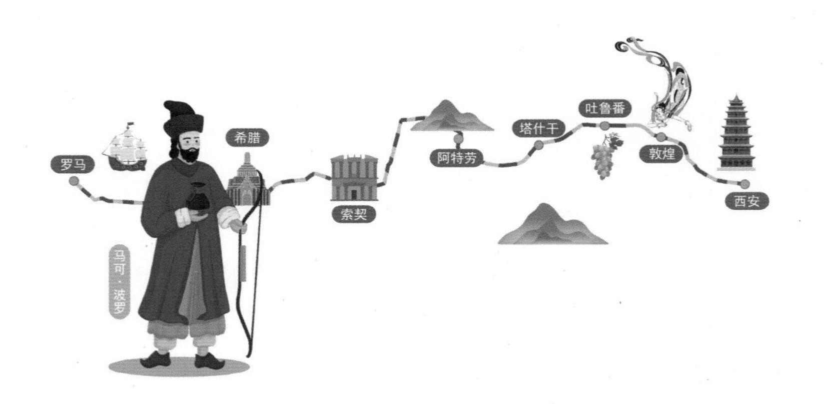
罗马
希腊
马可·波罗
索契
阿特劳
塔什干
吐鲁番
敦煌
西安

5 丰于明清：百花齐放

明清时期的露酒主要以蒸馏酒为酒基，并在此基础上勾调一定量的果汁、糖汁、药材或芳香物质，或采取醅酝入料、蒸馏取露的方式获得露酒。露酒的品类扩大且日渐丰富，从酿造工艺来看，与现代意义上的露酒基本接近。

这一时期，人们大都习惯以滋补药材融入露酒。明代文学家顾璘在《谢许司徒惠金露酒》中有云："莲城名酝美，走送荷情亲。芳露承仙掌，清风近圣人。药和宜老病，梅赏称先春。野客惭空腹，陶然得醉醇。"诗中的"药"字，反映出当时露酒的配料特色。此外，每个产区的露酒形成了特定风格，如使用蒸馏法提取原料香气与功能物质的"京华露酒"，乐家药铺（同仁堂前身）以虎骨入酒煎制的"虎骨酒"，以烧酒为酒基炮制的宫廷御酒"竹叶青"等。《天咫偶闻》中记载了很多品名的露酒："如玫瑰露、茵陈露、苹果露、山楂露、葡萄露、五加皮、莲花白之属。凡有花果，皆可名露。"由于采用蒸馏法酿制，因此很多露酒也以"烧"字来命名，如玫瑰烧、茵陈烧、佛手烧等。明清时期的露酒为中国露酒文化史留下了浓墨重彩的一笔。

至清代、民国年间，露酒的发展曾掀起了一段高潮。民国时期，出现了“济康堂”“济丰亨”“老树春”等露酒品牌，玫瑰露酒和五加皮酒等露酒产品当时名扬四海，各地酒坊也纷纷仿效酿制。

新中国成立以后，百废待兴，无明确国标、酿造技术落后的露酒逐渐被白酒、啤酒等酒类饮料冲击，一度成为市场边缘产品，逐渐淡出人们的视野。露酒这一古老的酒种的发展面临危机，露酒的产量在1988年到达历史巅峰后连续下降。然而这一切，在近年来迎来了转机。自2017年以来，我国酒水行业对露酒的关注度逐渐增加。1994年露酒行业旧标被废止，而后中国酒业协会在2018年发布了新的露酒标准定义。近两年随着国家标准《饮料酒术语和分类》、团体标准《露酒》和《露酒年份酒（白酒酒基）》的发布，再次让露酒成为行业瞩目的焦点。在“国潮”“大健康”的发展浪潮下，“药食同源”露酒必将迎来新的发展契机，承载着极具特殊的民族文化与风格走向世界。

6 露酒四时之美

古时每逢节庆，人们都有饮露酒助兴的习俗。如除夕屠苏酒，立夏消暑酒，端午雄黄酒，中秋桂花酒，重阳菊花酒，立冬桂圆酒……品饮露酒不仅是在享受其甘香醇美的味道，还表达了人们对美好生活的向往。

按照汉族的风俗习惯，人们在古时农历正月初一往往会饮屠苏酒以避瘟疫，故又名岁酒。屠苏是古代的一种房屋，因为是在这种房子里酿的酒，所以称为屠苏酒。据说屠苏酒是汉末名医华佗创制而成的，其配方为大黄、白术、桂枝、防风、花椒、乌头、附子等中药入酒中浸制而成，后由唐代名医孙思邈流传开来。每年腊月，孙思邈总是要分送给众邻乡亲一包药，告诉大家以药泡酒，孙思邈还将自己的屋子起名为“屠苏屋”。经过历代相传，饮屠苏酒便成为过年的风俗。宋朝文学家苏辙的《除日》诗道：“年年最后饮屠酥，不觉年来七十余。”苏轼在《除夜野宿常州城外》诗中说：“但把穷愁博长健，不辞最后饮屠苏。”王安石的《元日》中记载：“爆竹声中一岁除，春风送暖入屠苏。”说的都是在过年时饮屠苏酒的习俗，这种风俗在宋朝时很是盛行。

《月令七十二集解》:“立夏，四月节。立字解见春，夏，假也。物至此时皆假大也。”在此时节，百姓陆续收获，便将各式各样的瓜果蔬菜放入酒中酿制。古语云“饮酒为欢立夏酒”，立夏之时，不只现代人会饮酒解暑，古人也有在立夏喝酒的习惯。据《蒲松龄著作佚存 · 驻色酒》中记载，古代齐鲁有妇女在立夏饮驻色酒的习俗，顾名思义保持容颜美丽。而且，古方《云笈七签》记载，立夏饮酒也可养生:“四月望后，宜食酒，每服一小杯，大治百种疾病，养生饮酒，不可醉酒且不饮冰酒，冰酒伤身。”立夏常酿制的露酒有青梅酒，顾名思义是用青梅酿制的露酒。青梅营养丰富，《本草纲目》中记载:“敛肺涩肠，治久痢，泻痢，反胃噎膈，蛔厥吐利;

消肿，涌痰，杀虫。”陆游写下《初夏闲居》：“煮酒青梅次第尝，啼莺乳燕占年光。”晏殊在《诉衷情 · 青梅煮酒斗时新》中提到青梅酒，道：“青梅煮酒斗时新。天气欲残春。东城南陌花下，逢著意中人。”可见，青梅酒历史悠久，清爽独特，深受人们喜爱。

古时端午饮雄黄酒的习俗在长江流域地区极为盛行，谚云“喝了雄黄酒，百病远远丢”。《清嘉录》中对雄黄酒的制作有记载：“研雄黄末，屑蒲根，和酒饮之，谓之雄黄酒。”古人认为雄黄酒可以驱妖避邪，随之形成了在端午饮雄黄酒的习惯。由于雄黄遇热易氧化为三氧化二砷，有剧毒，所以自制雄黄酒慎喝，包括含有雄黄的药品，应当在医生指导下使用，切记不能乱用。

中秋时节，月色分明，桂花十里飘香。汉代《说文解字》这样描述桂：“桂，江南木，百药之长，梫桂也。”因此，古人认为用桂花酿制的酒能达到“饮之寿千岁”的功效。用桂花来酿酒，味道醇香，酸甜适口，余香长久。屈原在《楚辞·九歌·东皇太一》中吟道：“蕙肴蒸兮兰藉，奠桂酒兮椒浆。”《汉书·礼乐志二》也有关于桂花酒的歌词，如“牲茧栗,粢盛香,尊桂酒,宾八乡”，由此可见桂酒在当时是奠祀上天、款待宾客的美酒。苏轼不仅喜爱桂花酒，还曾亲自酿制，作《桂酒颂》，后又写《新酿桂酒》：“捣香筛辣入瓶盆，盎盎春溪带雨浑。收拾小山藏社瓮，招呼明月到芳樽。酒材已遣门生致，菜把仍叨地主恩。烂煮葵羹斟桂醑，风流可惜在蛮村”，表达对桂花的喜爱之情。李清照也曾在《鹧鸪天》中夸赞桂花酒，她写道：“暗淡轻黄体性柔，情疏迹远只香留”，可见其对桂花酒的情有独钟。

据资料显示，桂花是富贵吉祥、子孙昌盛的象征，中秋节饮桂花酒，寓意家庭甜蜜，富贵吉祥，子孙昌盛。全家人坐在一起，赏月、饮酒，别有一番滋味！

匠心善作，
天酿玉露

露酒酒基之美——黄酒

黄酒（英文名：Huangjiu）是世界历史最悠久的传统酿造酒之一，与啤酒、葡萄酒并称为世界三大古酒。黄酒源于中国、兴于中国，是中国最早发明的发酵酒，是中华民族重要的非物质文化遗产，至今已有7000多年历史。黄酒不间断的酿造过程，培育出独特的酿酒微生态环境，更赋予了其不可复制性，从而使得中国黄酒产区百卉千葩，各展其芳。

黄酒是自然酿造美酒，其酿造离不开独特的生态，粮谷、水源、风土、开放的生产方式、多种微生物参与、双边发酵酿造技艺等无不彰显出中国黄酒的自然酿造、生态酿造。我国自古有南方黄酒和北方黄酒之分，不同黄酒产区酿酒时使用的原料、酿造工艺、生态环境，造就了各地黄酒独特的风格。糯米、粳米、籼米、黍米、粟米、小麦等都可以作为酿酒原料。南方黄酒主要使用粳糯米，酿出的黄酒醇香、柔和，如绍兴黄酒、无锡惠泉酒、福建红曲黄酒、上海老酒等。北方黄酒酿造则多以黍米为原料，黍米酿出的黄酒口感醇净柔和，余味净爽，带有焦香味，如山东即墨老酒、山西代县黄酒等。南北方黄酒在酿造过程中多用小麦制作的麦曲作为发酵剂，但是福建在酿酒时以红曲为糖化发酵剂进行酿制，如福建红曲酒，色泽鲜艳，酒香醇厚。

我国各黄酒产区的黄酒酿造工艺一脉相承，有异曲同工之妙。以绍兴黄酒传统酿造工艺为例，从一粒米酿出一滴酒，要经过浸米、蒸饭、落缸、发酵、压榨、煎酒、封坛、陈贮八大手工工序：精筛当季的优质糯米，在立冬时节用鉴湖水在大缸中浸泡15天左右后蒸饭，待米饭冷却后倒入瓦缸中，与碾碎的酒药、麦曲拌匀后开始为期90天的低温发酵。在此过程中，酿酒师傅会通过“开耙”工艺来把控黄酒的发酵程度。发酵完成后，通过“压榨”工艺使发酵醪液中的酒液和固体糟粕分离，并进行澄清，以提高酒的稳定性。过滤后的酒液并不能完全去除酒中所含的有害微生物，因此通过“煎酒”进行灭菌，之后将酒液灌入陶坛中，封坛陈贮。刚酿出的新酒口味粗糙、较刺激，不柔和，“陈贮”过程中，可促进乙醇分子与水分子间的缔合，促进醇与酸之间的酯化，使酒味变得柔和、馥郁。绍兴产区特有的微生物群参与发酵，赋予了绍兴黄酒“酸不露头、甜不腻口、苦不留口”的独特风格。

黄酒产品的执行标准有两个，国家标准GB/T 13662—2018定义黄酒为：以稻米、黍米、小米、玉米、小麦、水等为主要原料，经加曲和/或部分酶制剂、酵母等糖化发酵剂酿制而成的发酵酒。国家标准GB/T 17946—2008定义绍兴黄酒为：以优质糯米、小麦和绍兴特定地域内的鉴湖水为主要原料，经过独特工艺发酵酿造而成的优质黄酒。

不同于白酒、威士忌、伏特加与白兰地，未经蒸馏的特点使黄酒酒精度仅为14%vol ~ 20%vol，酒性温润有度、雅正柔和、不偏不倚，恰与中华民族内在淳朴、寓刚于柔的文化精神融为一体；不同于葡萄酒和啤酒，敬畏天地、敬畏世界、“用曲制酒，双边发酵”的独特酿造工艺，赋予黄酒独树一帜的风味与功能。江南大学传统酿造食品研究中心科研团

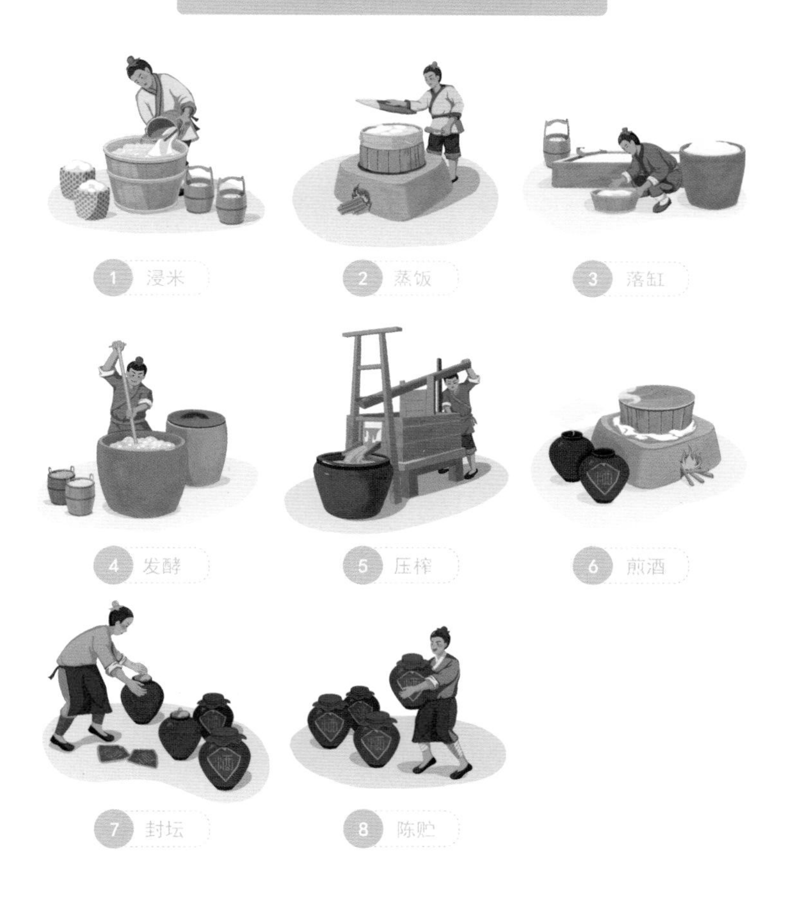

队的最新研究发现，一瓶黄酒是在1420多种酿造微生物的作用下，共同代谢数十万条基因，经90天发酵而成，718种风味物质有机融合，共同作用形成“浓、醇、润、爽”之风格；同时通过大量动物实验发现，黄酒中多种酵母菌发酵过程中

产生的功能物质如多肽、多酚、多糖等在保护心血管、保持机体活力、维持肠道健康等方面有积极作用。黄酒自古与露酒渊源深厚，从商周时期的郁金草酒，汉代的椒酒、菊花酒、百末旨酒，唐代的香料酒、松醪酒、药酒，到现在的春花红酒、女儿红仟挂陈皮露酒，黄酒为露酒提供了更多风味与健康功能。

8 露酒酒基之美——白酒

白酒（英文名：Baijiu）也叫做烧酒，是中国独有的一种蒸馏酒，也是全球六大蒸馏酒中酿造历史最早、发酵周期最长、酿制工艺最复杂、产量最大的酒种，起源于西汉年间，距今有2000多年酿造历史。古往今来，白酒以其高度纯净、芳香浓郁和口感醇和而备受国人推崇与喜爱，已成为人们生活中不可或缺的一部分。现今，这一古老的华夏佳酿已跨越海洋，成了中国文化对外交流的重要使者、让世界人民心意相通的桥梁。

根据国家标准GB/T 15109—2021《白酒工业术语》，白酒是以粮谷为主要原料，以大曲、小曲、曲、酶制剂及酵母等为糖化发酵剂，通过蒸煮、糖化、发酵、蒸馏、陈酿、勾调而成的蒸馏酒。其酒体香气拥有多种复杂的风味特征，种类繁多，迄今为止，具有代表性的香型有12种：浓香型、清香型、酱香型、兼香型、米香型、凤香型、特香型、药香型、豉香型、芝麻香型、馥郁香型和老白干香型。白酒的香型丰富多样，千变万化，和而不同，即便同是浓香型白酒的泸州老窖、五粮液、古井贡，风格也有很大差异；又如景芝特酿和国井酒同为芝麻香型白酒，却又分为芝香型和国井香。这些风味区别的形成却无人能道清言明，有人道水，水是酒的灵魂，好酒倚好水而生；有人言曲，曲为酒注入生命动力；也有人认为是粮食的选择，好粮出好酒；还有人认为其源于酿造工艺、发酵条件和储存时间等多种因素，众说纷纭，不置可否。可以说，白酒品质在酿造的每一步可能都会受到影响，好酒需天时地利人和，集天地之灵气，酿酒中之精华。

经过数千年的发展，中国白酒在宋元时期已经形成了独特的风味和制作工艺。不同类型白酒的酿造工艺各有其特点。以浓香型白酒为例，主要以高粱、大米、糯米、小麦和玉米为原料，以酒曲（中温大曲、麸曲）为糖化发酵剂，采用“混蒸续糙”为主要特点的固态法酿造工艺生产，包括开窖、分层起糟、拌粮、润料、拌糠、上甑、摘酒、出甑、拌曲、入窖、踩窖、封窖等工序，即将上一次发酵成熟的酒醅与粉碎的新料按照特定比例混合后，轻撒匀铺至甑桶内蒸粮酿酒，出甑后，经冷却、加曲，再入窖池继续发酵，如此反复进行。混蒸过程中，粮谷中的酯类、酚类、香兰素等香味物质被带入酒中，增加酒香，被称为“粮香”；酒醅中的酸和水，加速了原料中淀粉的糊化从而有助于发酵；每次投入的原料经过3次以上的发酵后，成为“丢糟”，提升了原料利用率。有些酒厂把酒醅和酒糟统称为糟，多次配料后循环发酵，仿佛一直用不完，人们称这种糟为“万年糟”。而在历年酿酒时酒窖泥也是会被循环使用，在一年年的沉淀过程中，窖池中含有的微生物经过不断驯化、繁衍、富集，形成了优越的生态系统，为白酒的生产提供源源不断的动力，使得浓香型白酒具有窖香浓郁、入口绵甜爽净的典型风格，因此民间有了“千年酒窖万年糟”这句话，充分说明浓香型白酒的品质、风味与窖和糟有着千丝万缕的关系。

目前，白酒的消费方式和认知随着现代社会的快节奏生活和消费趋势的变化在不断演变，人们开始更加注重白酒的审美和品质，注重慢饮和品味。同时，越来越多的白酒品牌也注重创新和多样化，推出符合现代消费者口味的产品。

无论是从品质还是文化角度来看，作为露酒酒基，白酒

浓香型白酒传统酿造工艺

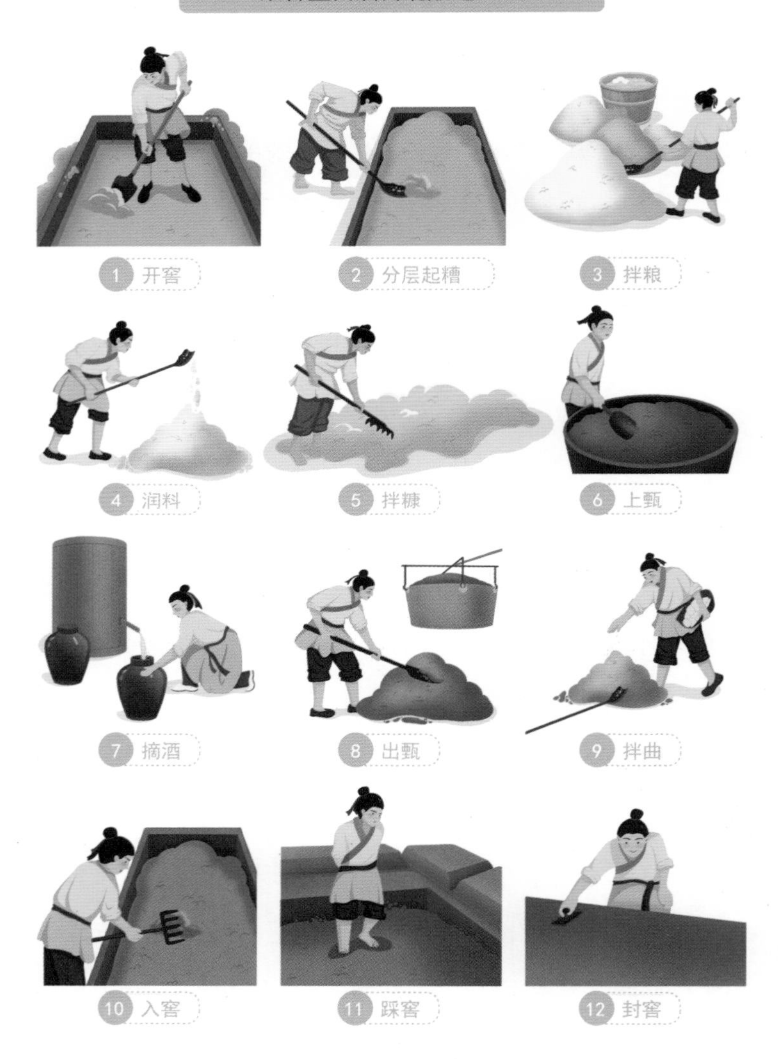

都具有值得深入了解和品味的特点和优势。首先，它具有高度纯净的品质，白酒在生产过程中通常要经过多次蒸馏，去除杂质，作为酒基，可以使露酒具有更好的品质和口感；其次，白酒老熟陈化后，即便是同一香型，在不同地区和不同品牌之间都能体现出香气和口感上的细微差别，赋予露酒复杂且丰富的独特风味特征；此外，白酒较高的酒精含量可根据需要进行稀释和调节，制作口感不同、带有保健功能的露酒产品。

9 露酒原料之美

T/CBJ 9101—2021《露酒》团体标准规定了露酒酒基只能是黄酒和白酒或掺入少量粮食酒，葡萄酒、果酒等发酵酒不能作为露酒酒基，可以加入药食同源的相关食品原料。因此不同的原料组合选择使其具备了丰富多样的风味。根据加入的食品原料类型，露酒可以分为植物类、动物类、动植物类、其他类。植物类露酒除了酒基外，通常会添加根、茎、叶、花、树皮、干燥子实、柑橘类果皮和浆果等。常见的产品有梅子酒、桃花酒、葛根酒等，这类产品通常带有酒香、药材香或花果香味。动物类露酒则加入动物的角骨、贝壳、脏器、生理病理产物或其加工品等，如椰岛海王酒、非得海参酒、雪山百草三鞭酒等，具备相应的动物脂香和酒香。动植物类露酒融合了两者的香气和功能性物质。其他类如高级蕈菌类露酒，是将茯苓、银耳、灵芝、香菇等菌菇类食物和酒基进行浸提或复蒸制成。多种天然原料为露酒提供丰富的黄酮、多酚、多糖、多肽和生物碱等活性物质，赋予露酒独特的风味与健康功能。

总而言之，露酒作为一种传统饮品，通过对原料的选择和加工，提供了多种丰富的口味和感官体验，且具有一定的保健功能。为确保产品的质量和安全性，露酒原料选择须严格遵守相关的标准和规定：按照卫计委“卫生部关于进一步规范保健食品原料管理的通知（卫法监发〔2002〕51号）公布的《既是食品又是药品的物品名单》、新食品原料（新资源食品）公告”中明确可使用的原料进行选择。

10 露酒酿造工艺之美

露酒的独特风味不仅来源于纷繁复杂的原料，更来源于复杂多变的酿制工艺。露酒的制作工艺有浸提法、复蒸馏法、浸提发酵法、浸提蒸馏法、其他方法等。其中浸提法最为简便也最为常用，即将选用的原料用酒基进行浸提，所得浸提液再进行过滤、调配和陈酿等操作。复蒸馏法则将原料和酒基共同浸渍后进行共蒸馏或在原料蒸馏时将酒蒸气引入后共蒸馏，尔后将蒸馏液进行调配和陈酿的工艺。

露酒的生产也常常将酒基和香源物质分别制作成半成品后，再按照特定技术进行调配、酿造等后续工序。露酒香源物质经提取后加入酒基中，融酒基与香源物质的风味于一体，这一过程中，香源物质提取、杀菌技术及澄清工艺等都会对露酒的品质造成一定的影响。

露酒香源物质的提取方法不胜枚举，传统提取方法主要有渗漉法、浸渍法、煎煮法、蒸馏法及压榨法等，其中渗漉法和浸渍法由于不需加热且操作简便，是相对常用的原料提取方法。浸渍法是用不同的溶剂（如水、酒精等）对原料中

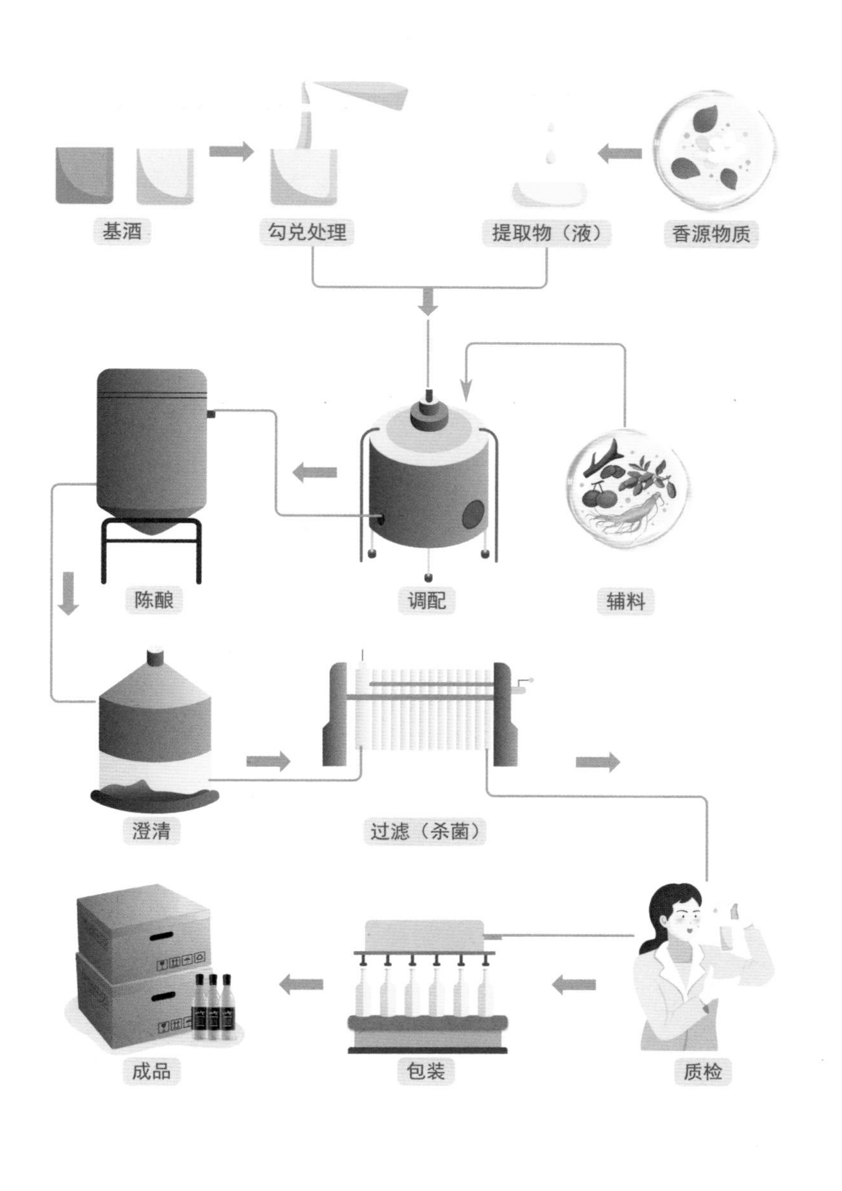
基酒
勾兑处理
提取物（液）
香源物质
陈酿
调配
辅料
澄清
过滤（杀菌）
成品
包装
质检

的有效成分进行提取的操作过程；渗漉法是将原料粉碎后用溶剂润湿，放入渗漉桶内，往桶内不断加入新的酒基，连续的动态提取过程，相较于浸渍法，可更大程度提取原料中的有效成分，但相对较耗时；煎煮法是将原料放入水中加热煮沸，过滤去渣后取煎煮液的传统提取方法，但此类方法不适用于含挥发油成分、多糖成分较多的原料，因煎煮液黏稠及浸出成分较复杂，增大了后续处理的难度；蒸馏法是利用水蒸气使原料中的香气物质随蒸汽一起蒸馏出来，此类方法对

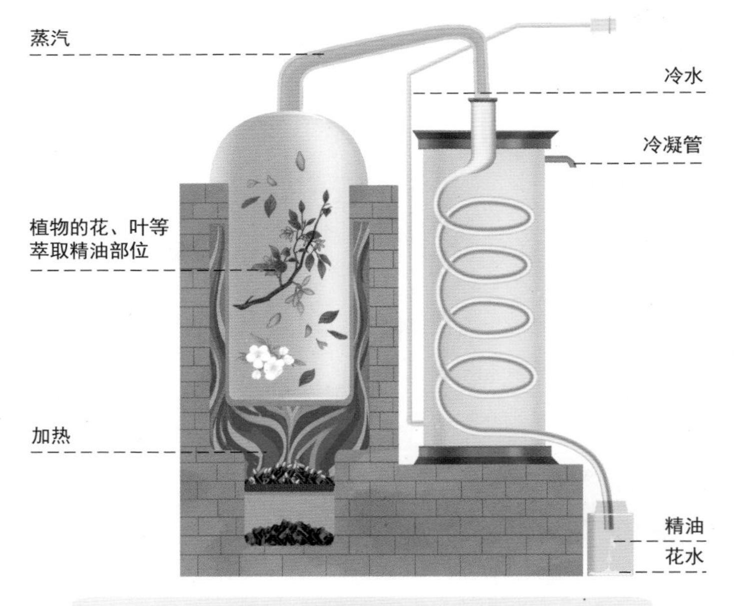

蒸馏法提取香源物质示意

精油类的提取效率更高且损耗更少；压榨法则更为直接，利用物理的机械力使原料的组织破碎，释放香气物质。传统提取方式过程较为简单，但效率较低，不能满足现代食品生产需求。

近年来随着科技的发展及原料成分的复杂性增加，一些新型的香气物质提取技术也应用到露酒生产中，如微波/超声波辅助提取技术、超临界流体萃取技术、酶辅助提取技术及脉冲电场辅助提取技术等，极大提高了原料有效成分的提取效率和精确度。

在陈酿的过程中，露酒还需要进行澄清以保持酒体透明度和稳定性。这个过程可以进行自然的澄清，为了加快澄清速度，提高澄清效果，也可以使用化学或物理澄清方式进行处理。目前有许多澄清方法，如化学澄清剂（壳聚糖、明胶等）对酒体悬浮物絮凝后过滤去除，或使用物理澄清剂（活性炭、硅藻土等）进行吸附。此外，也常用过滤的方法来进行澄清。

对于酒精度低但含糖量高的露酒，出于食品质量和食用安全的考虑，需进行杀菌处理。常用的杀菌方法包括巴氏杀菌和过滤除菌。由于巴氏杀菌会在加热过程中导致酒中的一些热敏成分絮凝或沉淀，因此，加热杀菌后需要进行过滤以保持酒体的稳定性。巴氏杀菌存在的问题是一些香气成分可能会因加热或过滤而损失，因此膜过滤技术、紫外线杀菌、辐照灭菌、微波灭菌和超声波杀菌等方法在实际生产中也有广泛应用。

通过上述工艺步骤，每一道工艺步骤都起着不可或缺的重要作用，制作出来的露酒呈现出丰富多样的风味特点，不仅酒体清澈透明且稳定，而且保证了产品的质量和安全性，为露酒的制作增添了独特的魅力和品质保证。

11 露酒色泽之美

露酒不仅在制作工艺和原料上独树一帜，还拥有溢彩缤纷的色泽，为露酒的饮用增添美的氛围。首先，酒基赋予了露酒基础色泽。如黄酒在制作过程中经过煎制和美拉德反应，本身具有不同程度的琥珀色，随着陈放时间越久，其色泽会越深。而白酒看似无色，实则也有不同的色彩，通常大体分为三类：白色（无色）、微黄色、黄色。如白酒酿造原料高粱中含有类黄酮物质，当在较高的温度和相对较长的时间下固态发酵，以及蒸馏后长时间的储存易造成白酒微微发黄；除此以外，酒体中的醇类、醛类、酯类之间互相融合反应也会使酒体发黄；酿造和储存过程中，如使用的水含有较多铁离子，或容器锈蚀等原因，铁离子迁移至酒中也可造成酒体发黄；过高的入窖温度会使得糟醅容易生成有色物质而让蒸馏的酒带有明显的黄色。

除了酒基之外，不同的原料也可赋予露酒不同的色彩。如番茄、血橙等富含番茄红色素的植物果实通常使露酒呈现红色；竹叶青通过提取竹叶中的绿色色素,使酒色金黄透明中微带青碧色；中药材如龙眼肉、栀子等通过酒基的浸泡和空气的氧化通常使露酒呈现淡或深的黄色；红心火龙果含有丰富的甜菜红素，因而火龙果可使露酒呈现紫红色；黑枸杞、蓝莓等果实富含花青素等多酚类色素，可使露酒呈现诱人的绛紫色。可惜的是，在储存过程中，露酒中的植物色素会因受到光照和储存温度的影响而降解或褐变致使露酒的颜色发生改变。日常储酒中，若想让露酒绚丽的颜色持久保存，可以通过改善储存环境——低温、避光、充氮除氧、加入植物提取抗氧化剂等处理减少露酒中植物色素的降解和褐变。

鉴于上述植物色素褐变问题，多年来，人们一直在寻找可应用于酒类饮料中，颜色持久稳定、健康安全、颜色鲜艳的天然色素。最新研究发现，一些药食同源的原料（如栀子、杜仲叶等）中的环烯醚萜类物质化学活性较高，与氨基酸、

葡糖胺型化合物以及蛋白质等物质结合时会立即反应，在有氧环境里，高温反应使其快速变为蓝色、绿色、红色、紫色、黄色或黑色等天然色素，色彩艳丽持久，而且在光、热和不同酸碱度条件下可以保持稳定。由此，在市面上看到石榴红、翠绿、宝石蓝、绛紫色等美艳绚丽的露酒产品，将指日可待。

12 中国露酒分布

我国露酒文化厚重深远，如同美食，散布于全国各地，种类繁多，风格各异。随着时间的推移，我国形成了以湖北大冶、山西汾阳、四川宜宾与泸州、海南海口为主要露酒产区，贵州省、安徽省、浙江省、山东省、河南省、云南省、广东省、辽宁省、天津等地露酒品牌百舸争流的时代格局。

露酒产品酒基多采用白酒，添加的原料也大多因地制宜，洛阳的牡丹花名动天下，且牡丹花资源最为丰富，洛阳牡丹花都酒业生产的牡丹花酒作为洛阳特色露酒产品，将精选后的丹凤牡丹花封存于酒基中，使其不变形态，依旧动人。东北地区是中国的产粮大区，供应了优质的玉米和高粱，这为东北地区酿造优质白酒提供充足条件。其次，东北地区地理位置优越，拥有丰富的海产资源和山林资源，以非得海参酒为代表的露酒以白酒为酒基，加入了通过生物酶解技术提取的大连刺参肽，通过酒体脱腥处理，风味与健康兼备。华东地区的安徽古井贡酒陈香浓郁，口感更醇厚，以此为酒基加入农产品地理标志亳州菊花，赋予其淡雅清新的风格。华北地区的山西作为中国著名的白酒产区，露酒的生产

中国露酒分布

省/自治区/直辖市	城市/地区	品牌	露酒产品
安徽省	亳州市	古井贡酒	静和·露酒
			清和·露酒
			明和·露酒
广东省	佛山市	春花牌	春花红酒
贵州省	遵义市	茅台	同仁御酒
广西壮族自治区	罗城仫佬族自治县	天龙泉	精酿
湖北省	大冶市	劲牌	毛铺草本酒
			养生一号
			十全酒
	石首市	绣林玉液	年份酒
河南省	洛阳市	牡丹花都	牡丹花酒
海南省	海口市	椰岛	海王酒
辽宁省	大连市	非得	海参酒
山西省	汾阳市	竹叶青	青享系列
		汾酒	玫瑰汾酒
			白玉汾酒
四川省	宜宾市	五粮液	五粮本草
			葛根酒
	泸州市	泸州老窖	茗酿
			绿豆大曲
			玫瑰酒
			君远酒
			青稞露酒
	攀枝花市	笮酒	松露酒
山东省	禹城市	雪山百草	鹿龟酒
			三鞭酒
天津		义聚永	玫瑰露酒
云南省	昆明市	兰益酿造	兰益松
	保山市	品斛堂	一品斛紫皮石斛酒·和润
浙江	杭州市	致中和	致中和酒
	绍兴市	女儿红	仟挂陈皮露酒

以其独特的白酒酒香和优良酒质而备受消费者青睐，如山西汾酒所产露酒酒基大多采用汾酒。汾酒是清香型白酒的典型代表，以清香型白酒配以玫瑰、竹叶等多种清香药食同源原料，饮后余香、回味悠长。四川是我国重要的露酒产区之一。泸州老窖和五粮液作为我国浓香型白酒两大标杆企业，近年来深耕露酒领域，已形成了风格多样、各具特色的露酒产品系列，如泸州老窖的茗酿、绿豆大曲、青稞露酒，五粮液的五粮本草、葛根酒等。作为西南地区重要的露酒产区，云南拥有丰富的植物资源，露酒产品多具备柔和的口感与芳香，如品斛堂石斛酒。此外，劲牌有限公司、椰岛集团作为我国老牌保健酒生产企业，近年来产品线也由药酒、保健酒向露酒蔓延并赢得一众好评，如劲牌毛铺草本酒、养生一号，椰岛海王酒。

总而言之，露酒新规的严格和高标准，提高了露酒产品的要求，保证了露酒产品的品质。自2021年露酒新国标颁布以来，我国露酒行业已缓缓起步，未来将不可限量。中国露酒分布图展示了新国标下露酒代表性产区及产品，每种产品都诠释出独特的风味、酿造工艺和历史传承。露酒爱好者们可依照此图，品尝和了解各地露酒，领略中国传统酿酒文化的魅力和多样性，体验中国露酒的独特魅力。

草木行酒，
品味奇芳

13 露酒的品质灵魂——独特风味

露酒工艺繁杂，融酒基与药食同源原料的风味于一体，其酒品典型性各具形态，风格优雅独特。不同原料与酒基为露酒产品带来独具特色的风味辨识度，成就丰满酒体的同时，为露酒带来个性化品质灵魂。露酒在保持白酒和黄酒基本风格的基础上，与植物、动物类香源物质及酒基进行有机组合，自然形成药草香、水果香、花香、木香等香气风格迥异的特征，使酒体刺激性降低，口感更加柔和圆润，馥郁芳香。

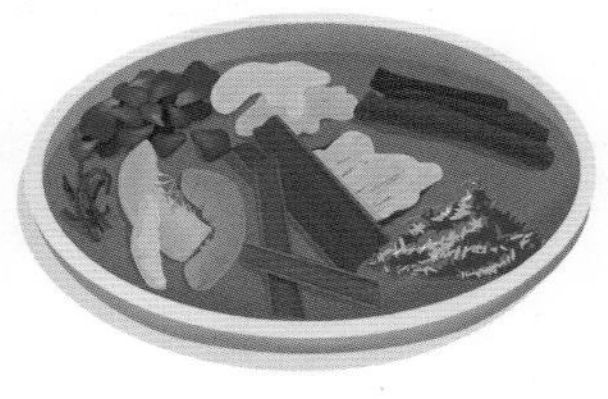

风味对于露酒来说至关重要，是衡量露酒品质的重要指标之一。酒中的脂类、醇类、醛类、芳香族类、萜烯类等物质可对酒体香气带来较为复杂的影响，如萜烯可带来独特的

草本和木质风味，脂类产生花香和果香，呋喃和脂类带来甜味，醛类产生草香，酚类呈香物质可产生辛辣和烟熏味。当这些物质的香气活力值（OAVs）指标＞1时，对酒体香气的影响较为明显，此类物质为核心呈香物质。目前为止，已在露酒产品（竹叶青酒、致中和酒、毛铺苦荞酒等露酒产品）中检测、鉴定出呈香物质超160种。如竹叶青酒中已检测到来自各种配方原料中的30种核心呈香物质，D-柠檬烯、丁香酚、石竹烯、樟脑、龙脑、莰烯、乙酸龙脑酯、α-檀香醇等，赋予了竹叶青酒独特的香味。其中柠檬烯有类似柠檬的香气，丁香酚具有丁香香气，石竹烯具有辛香、木香和柑橘香等香气特征。

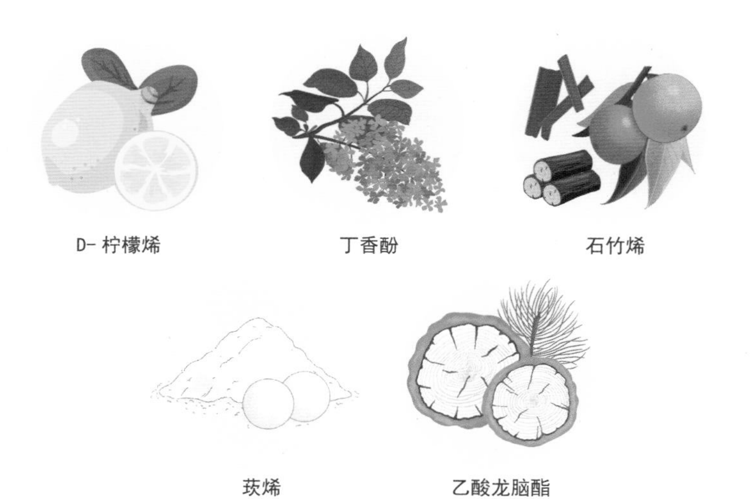

又如毛铺苦荞酒中，具有窖泥香的己酸乙酯、具有猕猴桃香的丁酸乙酯、具有水蜜桃香的戊酸乙酯、具有百合花香的辛酸乙酯、具有油脂香的己酸等成分组成了酒体香气骨架，而苦荞提取物是产生基础香气的重要呈香物质。

风味个性化是露酒的灵魂，露酒原料、酒基特性与科学前沿技术创新性结合至关重要，进一步加深露酒现代生物技术、风味成分萃取技术、分析检测等技术研究，彰显出其特有的健康价值、品鉴价值，将是露酒未来的风味研究方向。

14 酒中百味，生香流长

露酒的香气和味道融合了多种要素，纷繁复杂。优质的露酒，一定有香气和味道协调的“平衡之美”。为了解我国露酒的风味结构，帮助消费者更好地认识和辨析露酒的香气和口感，区分产品质量，泸州老窖科研团队通过感官品评小组对41种不同风格的露酒进行感官评价，参照国外葡萄酒、威士忌、啤酒等较为成熟的酒类风味轮构建方法，利用数据分析软件对感官描述词进行筛选，归类出可以表达露酒风味特征的感官轮廓描述词，其中包括11个香气描述词（果香、花香、动物香、药香、谷物香、香料香、烘烤香、蜜制香、陈酿香、酒香、容器香），以及5类口感描述词（甜味、酸味、苦味、咸味和鲜味），并首次绘制出中国露酒的风味轮，为露酒的风味研究与质量控制提供了一定的理论基础与科学依据。

露酒的风味主要来源于原料本身的风味物质、酿制过程中微生物产生的风味物质以及有机酸等，同时也与其生产工艺密切相关。香气是露酒酿造工艺的精粹，是露酒风味和品质的重要组成部分。根据风味来源及香气特征，露酒的香气主要可分为原料香、工艺香和酒香三类。原料香包括果香、花香、动物香、药香、谷物香和香料香；工艺香包括烘烤香、蜜制香、陈酿香和容器香；酒香包括发酵香、窖香、糟香、醇香、曲香和其他香。

原料香

果香、花香、动物香、药香、谷物香、香料香

工艺香

烘烤香、蜜制香、陈酿香、容器香

酒香

曲香、醇香、糟香、窖香、发酵香、其他香

不同于香气，味道是可溶性呈味物质溶解在口腔中，对人的味觉受体进行刺激后产生的反应。露酒主要由酸甜苦咸鲜五种味道相互融合、相辅而成，融合后在口中形成饱满丰盈的韵味。酸味如酸奶味、陈年白酒味、山楂味、柠檬味等，是露酒保持口感清新的要素，如酸度过低，会使酒体浮香感明显、刺鼻，酸度过高则压香、发闷；甜味如酿酒原料中带来的糖类，以及酒体中的多元醇、氨基酸等物质赋予了露酒丰满、厚重的内质，甘蔗、桂圆、蜂蜜、肉桂等口感使露酒喝起来有甜味与黏稠的感觉；苦味对于露酒来说，也是一种必不可少的滋味，如莲子心、绿茶抑或咖啡豆等的淡淡苦味为露酒风味带来一剂平衡；咸味如盐味、牡蛎味，可在一定程度上激发人的味觉，增加酒体层次，同时可帮助促进体内食物消化；鲜味，如类似菌菇、海鲜的味道主要来源于酒中的氨基酸，带有舒适的香甜味，使酒体口感醇厚，香味淡雅、舒适。

露酒的风味

酸味	甜味	苦味	咸味	鲜味
柔酸：酸奶 陈年白酒	甘甜：甘蔗 糖浆 冰糖	生苦：莲子心 鲜笋 龟苓膏	咸：盐 矿物	菌鲜：蘑菇 蛹虫草
涩酸：李子 山楂	果甜：桂圆 草莓 哈密瓜	涩苦：绿茶	腥咸：乌龟 牡蛎	海鲜：海参
尖酸：醋 柠檬	蜜甜：蜂蜜	焦苦：咖啡豆		肉鲜：鸡汤 蛇
	辛甜：肉桂	麻苦：柚子 当归		
	焦甜：黑糖			
	醇甜：乙醇			
	酿甜：米酿			

15 不可或缺的风味来源

作为具有独特民族风格的酒种，各类香源物质和酒基的完美融合为露酒带来多样化、愉悦化、舒适化、幽雅化等风味特点。得益于中国的地大物博，露酒的原料取材极为广泛，涵盖了植物类、动物类等，这些成分是露酒中重要的呈香、呈味成分，造就了露酒的独特表达和万千风格的特色。

植物类风味原料包含了植物的根、茎、叶、花、果实和种子等，不同类型的植物原料为酒体提供了芬郁各异的香气和口感，如枸杞子、桑葚、龙眼肉可增加露酒的果香、甜味，槐花、栀子花、丁香花、玫瑰花提供蜜花香，人参、黄芪带来腥药香，肉桂带来辛甜感，当归入酒可产生麻苦感等。罗汉果甜苷作为罗汉果的甜味成分，其甜度是蔗糖的300倍，但不含任何热量，是一类具有多种药理活性的天然甜味剂。菌类如蘑菇、香菇等为酒体带来一定的咸鲜风味，而药食同源食品的提取物类物质增加产品风味的同时，还可增加产品的生物活性。

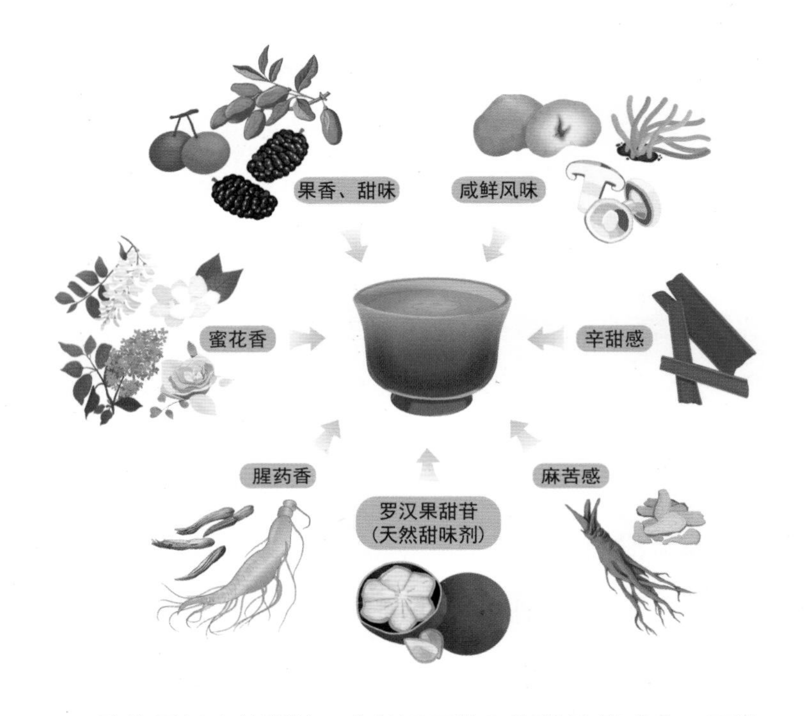

动物原料中的脂肪、多肽及不饱和脂肪酸等成分，可进一步加深酒体的柔滑度和浓厚感。动物类原料被誉为“血肉有情之品”，自古就具有较高的营养滋补价值，如广为流传的西北大漠的鹿角酒、羊羔酒，东北的虎骨酒，西南的乌鸡酒，海南的鹿龟酒等。但随着野生动物资源的急剧枯竭和生态文明建设，相关法律法规对动物类中药资源使用进行限制，加上露酒新国标定义的进一步明晰，对露酒品质、原料、酿造工艺等要求更为严苛，因此目前动物类露酒产品在市面上较为少见。

酒基是露酒的主体成分，不同酒基的类型和质量决定了露酒的基调。在市面露酒产品中，白酒为露酒中使用最多的酒基。浓香型白酒芳香浓郁，绵柔甘冽，口感醇甜浓厚，可协调原料带来的苦、涩味，使得酒体更加饱满，在较高酒精度下可析出更多的生物活性物质，一定程度上提升露酒的品质。此类代表性露酒有泸州老窖的茗酿、绿豆大曲，五粮液的黄金酒等。清香型白酒清香纯正、醇甜柔和、余味爽净、带有舒适花果香，作为酒基在不掩盖原料本身香味的同时，可烘托原料自身香气，达到多种香味协调统一的效果，代表性露酒产品有玫瑰汾酒、竹叶青酒、白玉汾酒、椰岛海王酒等。酱香型白酒具有“微黄透明、酱香纯正，酒体丰满细腻、醇厚净爽，回味悠长、空杯留香持久”的典型风格，风味表现丰富，可明显改善植物类原料的苦味、涩味，以及动物类原料的肉腥味，代表性产品有茅台与北京同仁堂联合出品的同仁御酒。酱香型白酒也常与其他类型酒基搭配使用，如劲牌毛铺草本荞酒即是融湖北黄石清香、四川宜宾浓香及贵州茅台酱香三香地标原酒，萃取草本精华酿制而成。米香型白酒主体香味成分为乳酸乙酯、乙酸乙酯和β-苯乙醇，风味特点为绵甜醇厚、幽雅纯净、回味悠长。米香型白酒由于自身香气成分的特点，能够丰富和更加凸显花香类原料的风味，代表产品为品斛堂石斛酒。而黄酒与白酒混合而成的酒基可与原料形成风格更具多元化的产品，如春花牌春花红酒。

酒基：浓香型白酒

芳香浓郁、绵柔甘洌

酒基：酱香型白酒

酱香纯正、醇厚净爽

酒基：清香型白酒

清香纯正、醇甜柔和

酒基：米香型白酒

绵甜醇厚、幽雅纯净

酒基： 清香＋浓香＋酱香型白酒

三香馥郁，浓浆协调

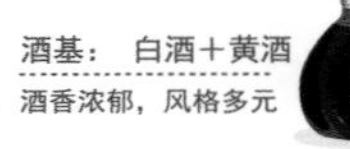

酒基： 白酒＋黄酒

酒香浓郁，风格多元

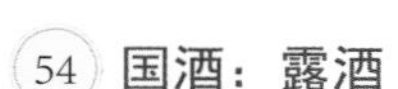

随“源”而安，赓续芳华

现行国家标准中对露酒的感官指标要求为：“具有相应的植物香和酒香，诸香和谐”“具有相应的动物脂香和酒香，诸香和谐”“具有动植物香和酒香，诸香和谐”。那么不同香源型露酒各自具有什么风味特点?

花、果香型露酒的口味标准为：入口柔和、适口，舒顺愉悦，酒体完整，有明显的花果口味质感，酸甜适中；

采用复蒸馏法酿制的植物药材香型露酒的口味标准为：口感协调、舒顺、甘冽醇甜，酒体完整，余味绵长；

采用浸泡法酿制的植物药材香源型露酒的口味标准为：柔和纯正，舒顺优雅、协调，酒体完整，余味绵长；

使用浸泡法酿制的动物香源型露酒的口味标准为：味道鲜美、纯正、协调，酒体完整；

使用浸泡法酿制的动植物混合香源型露酒的口味标准为：柔顺、协调、丰满、醇厚、绵甜，酒体完整，余味绵长。

由于露酒工艺繁杂，原料众多，酒品典型性无法完全统一。酒基与原料的品质，以及酿造工艺的把控偏差可能给成品露酒口感带来些许影响，如花、果香型露酒口感淡薄，花、

各种香源型露酒的感官特点

	外观	香气	口感
植物药材香源型（复蒸馏）露酒	无色或微带绿、黄色，澄清透明，有光泽	酒香药香纯正和谐、悦怡	口感协调、舒顺、甘洌，酒体完整，余味绵长
植物药材香源型（浸泡）露酒	具本产品应有的色泽并具自然感，澄清透明，有光泽	具有本产品应有的植物药材芳香和酒香，诸香纯正、和谐、悦怡	口感柔和纯正、舒顺优雅、协调，酒体完整，余味绵长
动物香源型（浸泡）露酒	具本品应有的色泽，有自然感，澄清透明，有光泽	具有本产品应有的动物脂香和酒香，香气和谐	味道鲜美、纯正、醇厚、协调，酒体完整
动植物混合香源型露酒	具有本品应有的色泽，有自然感，澄清透明，有光泽	具有本产品应有的动物脂香、植物香和酒香，诸香和谐	口感柔顺、协调，酒体完整，余味绵长
花、果香型露酒	具有本品应有的自然色泽，澄清透明，有光泽	具有本产品应有的花香或果香和酒香，香气清雅、协调、纯正	口感柔和、适口、舒愉，酒体完整

果原料味感失真；植物药材香源型露酒药香与酒香融合度欠缺，酒体欠协调；动物香源型露酒脂鲜味、油腻感、腥臭感过重，酒体单薄；动植物混合香源型露酒植物药性味与动物脂味不匹配，味道重，有异味等。风味物质往往与活性物质之间不矛盾，令人愉悦的风味同样是功能性物质，以上正是未来露酒在风味与健康双导向的高质量发展进程中，以科技创新为推动，在风味感知科学体系研究领域中需着重解决的问题。

17 露酒酒器知多少

古人云，“非酒器无以饮酒，饮酒之器大小有度”。人们爱美食也爱美器，饮酒之时讲究酒器的精美与适宜，酒器作为酒文化的一部分同样历史悠久，千姿百态。酒具，不仅是盛放酒水的工具，也是品酒不可或缺的部分。酒杯之于美酒如碗筷之于佳肴，更增饮酒之乐，宴飨之美！古人饮露酒时，都用什么样的酒具，我们又该如何挑选合适自己的露酒酒具？

唐朝时有诗云“玉碗盛来琥珀光”。用玉杯来喝汾酒，能增酒色。

喝百草酒当用古藤杯。百草美酒，乃集百草浸入美酒而成。酒气清香，入行春郊，令人未饮先醉。因此饮用时用古藤杯。古藤杯是指用百年古藤雕成的酒杯，这种酒杯可大增百草酒的芳香之气。

葡萄酒配夜光杯。古人诗云:“葡萄美酒夜光杯，欲饮琵琶马上催。”据史料记载，诗中的“夜光杯”，由采自祁连山的墨玉经多道工序打磨制成，其杯壁薄如蝉翼，通体晶莹透亮，夜间自然发光，十分名贵。

白居易《杭州春望》诗云：“红袖织绫夸柿蒂，青旗沽酒趁梨花。”古人喜在梨花盛开之时饮梨花春酒，晶莹剔透、翠绿欲滴的翡翠杯映得酒色唯美，恰似梨花在满园春色中飘舞，充满诗意。

喝玉露酒，当用琉璃杯。玉露酒中有如珠细泡，盛在透明的琉璃杯中，方可见其佳处。

古代露酒酒器种类繁多且分工不同，制作精美，多突出当时朝代的特色，正是这些形形色色的酒器，引得后人对古人饮酒无限遐想。

现代酒具因酒类的增多和工艺的进步也不乏良品，酒杯、酒壶、醒酒器和分酒器等为酒服务的酒具逐渐形成产业。受西方品酒体系化和标准化的影响，国内的白酒、黄酒、露酒

专业界也开始有了标准品鉴杯。品鉴杯采用无色、无花纹、无雕饰的透明高级玻璃杯，酒杯厚度均匀，细长的杯柱有助于旋转酒杯迅速释放酒香，较深的杯腹可确保旋转过程中不会溅出酒液，收窄的杯口使酒香聚集于杯口，更好地帮助品评者观色、闻香、尝味、品格。

如酒量不佳，但又喜欢饮酒，建议选用小酒杯饮露酒，细酌慢品之中有助于避免醉酒伤身。陶瓷杯、玻璃杯、玉质酒杯皆适用品饮露酒，至于选用哪种材质，常见的陶瓷杯、玻璃杯价格实惠，而玉质酒杯则相对昂贵，但其颜值和收藏价值较高。需特别提醒的是，一次性纸杯不适合饮露酒。一次性纸杯采用硬性木棉纸制作而成，其内外都涂了一层白蜡，使杯子不打湿、不漏水。如酒盛在一次性纸杯中，酒会将纸杯内涂的白蜡溶解，喝进身体里会对人体造成危害。

总而言之，选择合适自己的露酒酒具并不难，根据自己的审美、饮酒习惯及消费水平选择就好。静时斟一杯酒，点一盏灯，听一场雨；乐时提一壶美酒，与三五知己好友畅饮，把酒言欢，怎不惬意?

18 露酒佐餐指南

明代文学家袁宏道在《觞政》中提到："下酒物色谓之饮储。一清品，如鲜蛤、酒蟹之类。二异品，如熊白、西施乳之类。三腻品，如羔羊子鹅炙之类。四果品，如松子杏仁之类。五蔬品，如鲜笋早韭之类。"从古至今，佐酒之物便不缺美食。从上文描述来看，上至海鲜河蟹，下至干果蔬菜，无不包含其中。那么，饮露酒时适合搭配什么菜肴，才能做到"食之有味"，让酒与菜品的口感与风味彼此促进、弥补、增强，达到相得益彰的效果?

如同不同的葡萄酒适合搭配不同风格和类型的菜肴，一般来说，饮酒佐餐的基本指导原则为使食物和酒的特征"相互一致"和"相互补充"或"相互对比"。相互一致，指食物和酒的质感、风味、口味相似，如配餐时，浓配浓、淡配淡、酸配酸、甜配甜，酒体重的酒搭配口感浓郁、厚重的菜肴，酒体轻的酒搭配口感清爽的菜肴。相互对比，指将味觉质感相反的食物和酒进行搭配。如花生米与白酒为酒基酿制的高度露酒则较为搭配，花生米的香脆不但提升酒带来的愉悦感，其香气还可以弥补酒香的些许不足，而酒的刚烈又化解在花生米富含油脂的柔情之中。

酱香型白酒为酒基的露酒，如同仁御酒，酱香醇厚，回味悠长，可搭配一些味道鲜美的菜肴，如西湖醋鱼、滑汆虾仁、开水白菜等。这样菜肴的鲜味刚刚在嘴里淡去，酱香的醇厚又及时填补空缺，而二者的滋味又有明显差异不会审美疲劳。

清香型白酒为酒基的露酒，如竹叶青酒，风格是清淡、素雅，所以喝这种酒时，就不宜吃太油腻、口味太重的菜肴，而应该搭配一些味道清淡、口感清爽的菜肴，如凉拌素锦、虾皮白菜、素三鲜、清淡的白色海味（如比目鱼、白斑鱼、牡蛎）等，这样可以避免清雅的酒香被菜肴浓重的味道喧宾夺主。

浓香型白酒为酒基的露酒，其风格是浓郁、猛烈，入口时一股浓香直冲肺腑，所以喝这种酒时，通常就应搭配一些味道重、油水足的菜肴，比如川菜、湘菜等。这样一来菜肴的美味配合酒的浓香，可以相辅相成；二来胃里有足够的油水保护，不容易喝醉。此类露酒代表为茗酿。

黄酒为谷物发酵而成，含有独特的麦曲香气，且可祛腥味、解油腻。以黄酒为酒基酿制的露酒与酱香味、谷物发酵味菜品搭配时香气会更加协调；搭配海鲜、红烧肉、大闸蟹、烧鸡烧鸭等肉类时，可减弱食物中的腥味，使口感更佳。此外，黄酒中的鲜味物质较为丰富，因此以黄酒为酒基的露酒与鲜味较强的食物，如肉汤、菌菇、海鲜等一起搭配，可使食物味道更加鲜美，如女儿红仟挂陈皮露酒。

酒基：酱香型白酒

酒基：清香型白酒

酒基：浓香型白酒

酒基：黄酒

花果茶木香气低度露酒

花果茶木香气的低度露酒，通常香气馥郁，入口清雅，酒香醇甘，入口后闭眼回味尽是“熏风自南来”之感，年轻人聚餐或作为晚安酒再合适不过。如在夏天，在酒中加入冰块或者冰镇的苏打水都是绝妙之选，不仅使其冰凉爽口，而且可以降低露酒溶液体系的温度和分子能量，促进有效功能因子在体内的吸收，以一袭清凉，伴着入口的香醇顺滑相得益彰。

食酒交融，
滋养补益

19 中医渊源，千年酒方传承

随着“大健康”概念的家喻户晓，“大健康产业”迅速崛起，露酒产业成为具有巨大市场的新兴产业。酒水行业应对市场需求的转变也在不断转型升级，具有健康和风味双属性的酒类产品成为酒水行业市场发展的新方向。露酒，融合了传统酒文化和中医、中药文化，延续了中医中药治未病的理念，对于调节改善人的身体机能、提高机体抗御外邪的能力是有帮助作用的。

酒性温而辛，可疏通经脉，行气活血。祛风湿散结止痛，疏肝解郁，宣情畅意。在古代加了花果或者中草药的酒叫露，陆游笔下的《老学庵笔记》卷七：“寿皇时，禁中供御酒名蔷薇露。”由此可见，“蔷薇露”酒是御库特供皇室饮用的御酒，一般人是不容易喝到的。自古以来，传统养生酒——露酒就是王公贵族、达官贵人、人文墨客的至爱臻品。汉代的露酒使用香料来配制，按配料所使用的香料来命名，有椒酒、桂酒、柏酒、菊花酒、百末旨酒等。到了元朝，蒸馏酒开始出现，滋补露酒也成为酒界宠儿，在制曲、配料过程中，按照传统独特方法添加药食同源原料，除了增强曲的发酵力之外，还能在酒体中自然贯穿足量的中药材香气。百姓对长春法酒、神仙酒、地仙酒、枸杞酒、茯苓酒、蔷薇酒等的消费热情高涨，并以养生的“仙酒”之称表达对其喜爱之情。

中医是中华文化中一颗璀璨的明珠，露酒与中医药的结合已有几千年的历史。中医认为适量饮酒能通血脉、行药势，暖胃辟寒，因而用酒作为引，配制了一些能调理某些病症的药酒或能滋补健身的露酒。露酒与以疗效为目的的药酒有着天然的区别，它不以治疗为目的，它的补益效果是潜移默化地调节机体功能。露酒的品性必须阴阳平衡，即温、平、中、和，属食品酒类，天然酿制，无任何化学添加剂，具有一定的调节人的生理机能及扶正机能的养生调理作用。露酒传承了千年来药食同源的酒方精髓，安全有益，不焦不燥不湿，不上火，是成年人可以日常饮用、兼具风味与健康属性的饮料酒。在现代酿造工艺和科技手段的加持下，露酒将发挥出更大的健康和风味价值。

酒

20 露酒原料之“养”

露酒的雏形是人们在酒基中加入滋补养生食材泡制形成的酒浆。当代对露酒的定义是以白酒、黄酒或加入少量粮食酒为酒基，可以加入药食同源的相关食品原料，按先进工艺加工而成，改变了其原酒基风格的饮料酒。露酒可以说是酒类饮品中花色最多的一类，不论是酒基还是添加的风味功能成分，几乎是随地取材，各成风格。露酒按照药食同源原料的不同，可分为：

（1）植物类露酒

以植物的花、叶、根、茎、果为呈色香源及营养源，以白酒、黄酒等为酒基，依原材料风味及功能来确定生产工艺及露酒风格。

根茎叶类露酒：此类植物材料大部分属于中医药类药食同源养生原料。酒的主

要成分乙醇（俗称酒精）是一种良好的半极性有机溶剂，植物根茎叶的多种成分如生物碱、盐类、鞣质、挥发油、有机酸、树脂、糖类及部分色素（如叶绿素、叶黄素）等均较易溶解出，从而被人体更充分地吸收。常见的有人参酒、当归酒、甘草酒、黄精酒、杜仲酒、金银花酒、花椒酒等。值得注意的是露酒材料的搭配必须根据专业的指导配伍，尤其是药食同源的中草药，不可以随意搭配酿制。

花类露酒：是古代最早酿制，在现阶段依旧最受欢迎的露酒，清心怡神，养生开胃。经国家卫生部门批准的可食用花卉有梅花、菊花、茶花、樱花、牡丹、兰花、桃花、荷花、桂花、红花、槐花、昙花、玫瑰、月季、栀子花、金雀花、金银花、忍冬花、金莲花、木棉花、锦带花、迎春花、鸡冠花、啤酒花、丁香花、油菜花、金针花、百合花、牡丹花、杜鹃花、凤仙花、秋海棠花、金粟兰花、紫藤花、仙人掌花、茉莉花、扶桑花、木芙蓉花、米兰花、玉兰花、白兰花、紫罗兰花、南瓜花等。常见的花类露酒有玫瑰花酒、桂花酒、桃花酒、菊花酒、茉莉花酒、牡丹酒、兰花酒、梅花酒、荷花酒、茶花酒、梅花酒等。

果类露酒：在我国最新的饮料酒分类国家标准GB/T 17204—2021《饮料酒术语和分类》中，明确地把果酒（浸泡型）列入植物类露酒中，并将果酒（浸泡型）定义为利用水果的果实为原料，经浸泡等工艺加工制成的、具有明显果香的露酒。较受欢迎的有梅子酒、桑葚酒、枇杷酒、草莓酒、水蜜桃酒、荔枝酒、李子酒、樱桃酒、龙眼酒、石榴酒、梨子酒、红枣酒等。果类露酒一般酒精度较低，入口甘甜，具有一定的营养和健康功能。

（2）动物类露酒

利用食用或药食两用动物及其制品为香源及营养源，经再加工制成的、具有明显动物有用成分的酒。动物类露酒常以动物的整体或皮、体、骨、角、尾、鞭等部位为呈色、呈香、呈味的原料，如蝮蛇酒、鹿鞭酒、海参酒等。

（3）动植物类露酒

同时利用动物、植物有用成分制成的露酒。动植物混合类露酒常常以植物及动物的各部位为呈色、呈香、呈味原料，以各种粮谷类、果实类原料酿造的酒为酒基，依原料性能确定生产工艺。

（4）其他类露酒

高级蕈菌类露酒中，真菌类原料因含有丰富的蛋白质、氨基酸、维生素、微量元素等而备受关注，用它们来制作露酒，可以促进营养成分的吸收，且口感独特，保健效果极佳，如灵芝酒。

露酒原料使用频率

原料	使用频率/%	原料	使用频率/%	原料	使用频率/%	原料	使用频率/%
枸杞子	56	枣	12	桂花	7	淡竹叶	5
蛇类	29	甘草	12	罗汉果	7	阿胶	5
肉桂	27	砂仁	12	益智仁	7	薄荷	5
山药	23	桑葚	12	薏苡仁	7	动物胶	5
龙眼肉	22	葛根	10	菊花	7	槐米	5
人参	22	蜂蜜	10	百合	7	荷香	5
当归	20	黄精	10	花椒	7	桃仁	5
栀子	17	橘皮	10	玉竹	7	杜仲	5
茯苓	15	党参	10	山楂	5	金银花	5
丁香	15	肉苁蓉	10	木瓜	5	绿豆	2
黄芪	15	莲子	2	麦芽	5	荷叶	2
玫瑰	12	蒲公英	5	青稞	2	白芷	1
葡萄	12	白果	2	沙棘	2	其他	33
肉豆蔻	5	茶叶	2	槐花	2		

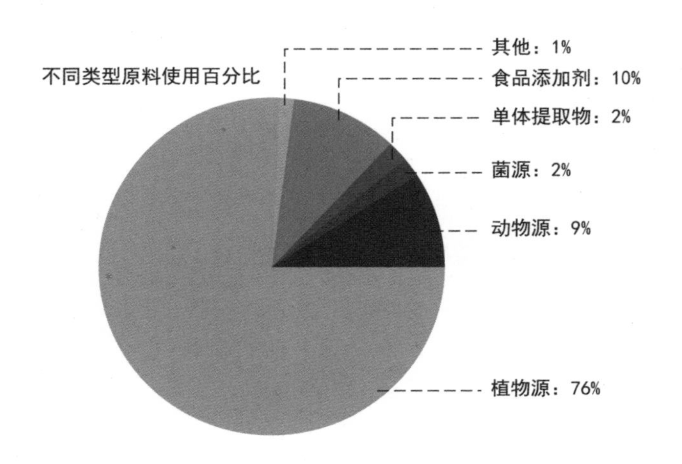

21 露酒原料目录

2020年，国家卫健委发布《关于对党参等9种物质开展按照传统既是食品又是中药材的物质管理试点工作的通知》，多省根据本地需求选择部分物质进行生产经营试点工作。食药物质目录的存在本身，就是对“药食同源”观念的认可，对传统饮食习惯的尊重，在此基础上，确保食物安全，确保“药食同源”发挥健康养生功效。

卫健委公布的既是食品又是药品的中药名单（110种，露酒可用）：

丁香、八角茴香、刀豆、小茴香、小蓟、山药、山楂、马齿苋、乌梢蛇、乌梅、木瓜、火麻仁、代代花、玉竹、甘草、白芷、白果、白扁豆、白扁豆花、龙眼肉（桂圆）、决明子、百合、肉豆蔻、肉桂、余甘子、佛手、杏仁、沙棘、芡实、花椒、红小豆、阿胶、鸡内金、麦芽、昆布、枣（大枣、黑枣、酸枣）、罗汉果、郁李仁、金银花、青果、鱼腥草、姜（生姜、干姜）、枳子、枸杞子、栀子、砂仁、胖大海、茯苓、香橼、香薷、桃仁、桑叶、桑葚、橘红、桔梗、益智仁、荷叶、莱菔子、莲子、高良姜、淡竹叶、淡豆豉、菊花、菊苣、黄芥子、黄精、紫苏、紫苏籽、葛根、黑芝麻、黑胡椒、槐米、槐花、蒲公英、蜂蜜、榧子、酸枣仁、鲜白茅根、鲜芦根、蝮蛇、橘皮、薄荷、薏苡仁、薤白、覆盆子、藿香。（以上为2012年公示的86种）

人参、山银花、芫荽、玫瑰花、松花粉、粉葛、布渣叶、夏枯草、当归、山柰、西红花 、草果、姜黄、荜茇、油松，在限定使用范围和剂量内作为药食两用（2014年新增15种中药材物质）。

党参、肉苁蓉、铁皮石斛、西洋参、黄芪、灵芝、天麻、山茱萸、杜仲叶，在限定使用范围和剂量内作为药食两用（2018年新增9种中药材物质作为按照传统既是食品又是中药材）。

公告明确为普通食品的名单：

白毛银露梅、黄明胶、海藻糖、五指毛桃、中链甘油三酯、牛蒡根、低聚果糖、沙棘叶、天贝、冬青科苦丁茶、梨果仙人掌、玉米须、抗性糊精、平卧菊三七、大麦苗、养殖梅花鹿其他副产品（除鹿茸、鹿角、鹿胎、鹿骨外）、梨果仙人掌、木犀科粗壮女贞苦丁茶、水苏糖、玫瑰花（重瓣红玫瑰）、凉粉草（仙草）、酸角、针叶樱桃果、菜花粉、玉米花粉、松花粉、向日葵花粉、紫云英花粉、荞麦花粉、芝麻花粉、高粱花粉、魔芋、钝顶螺旋藻、极大螺旋藻、刺梨、玫瑰茄、蚕蛹、耳叶牛皮消。

历代本草文献所载具有保健功能的食物名单：

聪耳（增强或改善听力）类食物：莲子、山药、荸荠、蒲菜、芥菜、蜂蜜。

明目（增强或改善视力）类食物：山药、枸杞子、蒲菜、猪肝、羊肝、野鸭肉、青鱼、鲍鱼、螺蛳、蚌。

生发（促进头发生长）类食物：白芝麻、韭菜子、核桃仁。润发（使头发滋润、光泽）类食物：鲍鱼。乌须发（使须发变黑）类食物：黑芝麻、核桃仁、大麦。长胡须（有益于不生胡须的男性）类食物：鳖肉。

美容颜（使肌肤红润、光泽）类食物：枸杞子、樱桃、荔枝、黑芝麻、山药、松子、牛奶、荷蕊。

健齿（使牙齿坚固、洁白）类食物：花椒、蒲菜、莴笋。

轻身（消肥胖）类食物：菱角、大枣、榧子、龙眼、荷叶、燕麦、青粱米。肥人（改善瘦人体质，强身壮体）类食物：小麦、粳米、酸枣、葡萄、藕、山药、黑芝麻、牛肉。

增智（益智、健脑等）类食物：粳米、荞麦、核桃、葡萄、菠萝、荔枝、龙眼、大枣、百合、山药、茶、黑芝麻、黑木耳、乌贼鱼。益志（增强志气）类食物：百合、山药。

安神（使精神安静、利睡眠等）类食物：莲子、酸枣、百合、梅子、荔枝、龙眼、山药、鹌鹑、牡蛎肉、黄花鱼。

增神（增强精神，减少疲倦）类食物：茶、荞麦、核桃。

增力（健力、善走等）类食物：荞麦、大麦、桑葚、榛子。强筋骨（强健体质，包括筋骨、肌肉以及体力）类食物：栗子、酸枣、黄鳝、食盐。耐饥（使人耐受饥饿，推迟进食时间）类食物：荞麦、松子、菱角、香菇、葡萄。能食（增强食欲、消化等能力）类食物：葱、姜、蒜、韭菜、芫荽、胡椒、辣椒、胡萝卜、白萝卜。

壮肾阳（调整性功能）类食物：核桃仁、栗子、刀豆、菠萝、樱桃、韭菜、花椒、狗肉、狗鞭、羊肉、羊油脂、雀肉、鹿肉、鹿鞭、燕窝、海虾、海参、鳗鱼、蚕蛹。

种子（增强助孕能力，也称续嗣，包括安胎作用）类食物：柠檬、葡萄、黑雌鸡、雀肉、雀脑、鸡蛋、鹿骨、鲤鱼、鲈鱼、海参。

22 露酒中的“健康因子”

露酒的酒基——白酒和黄酒中含有充分的有益于人体健康的功能性物质，现代研究表明，白酒中的健康活性成分超过100种，如阿魏酸、归内酯、氨基酸、维生素、4-甲基愈创木酚和4-乙基愈创木酚等；黄酒中的健康活性成分更为丰富，如蛋白质、无机盐、微量元素、功能性低聚糖、生物活性肽等，具有显著的抗氧化、维持机体免疫平衡、提高记忆等保健功能。江南大学传统酿造食品研究中心科研团队对黄酒中的多酚、多糖、洛伐他汀、γ-氨基丁酸、阿魏酸等成

<table>
<tr><th colspan="2">黄酒功能性成分</th><th colspan="2">含量</th><th>主要健康功效</th><th>人体功效量</th></tr>
<tr><td rowspan="5">多酚</td><td>(+)-儿茶素</td><td>91.33 微克 / 毫升</td><td rowspan="5">111.15 微克 / 毫升</td><td>抗氧化</td><td rowspan="5">25 ～ 100 微克 / 毫升</td></tr>
<tr><td>绿原酸</td><td>5.95 微克 / 毫升</td><td>免疫平衡</td></tr>
<tr><td>富马酸</td><td>2.25 微克 / 毫升</td><td>降血脂</td></tr>
<tr><td>槲皮素</td><td>2.15 微克 / 毫升</td><td>降血糖</td></tr>
<tr><td>其他</td><td>9.47 微克 / 毫升</td><td>……</td></tr>
<tr><td colspan="2">多糖</td><td colspan="2">10.51 毫克 / 毫升</td><td>提高免疫、抗氧化、抗肿瘤、改善肠道健康</td><td>1.64 毫升 / 千克（75 千克成人每天饮用 123 毫升）</td></tr>
<tr><td colspan="2">洛伐他汀</td><td colspan="2">0.08 毫克 / 毫升</td><td>降血脂</td><td>0.001 ～ 0.005 微克 / 毫升</td></tr>
<tr><td colspan="2">γ-氨基丁酸</td><td colspan="2">167 ～ 360 毫克 / 毫升</td><td>改善脑功能、增强记忆力、提高肝肾机能、降血压</td><td>≤500 毫克 / 天</td></tr>
<tr><td colspan="2">阿魏酸</td><td colspan="2">6.65 ～ 19.3 毫克 / 毫升</td><td>预防心血管疾病、抗氧化、抗菌消炎</td><td></td></tr>
</table>

分做了进一步解析，发现这些成分具有保持机体活力、预防“三高”、保护心血管、维持肠道健康等保健功能。

除酒基之外，露酒可选的动物、植物类原料众多，其中富含的功能性物质自然多种多样，如黄酮、花青素、单宁、皂苷、寡糖、多糖、氨基酸和多肽类物质等，赋予了露酒特定的保健功能。露酒具有饮后代谢快、醒酒快、不头疼、不口干的特点，饮后身体感觉轻松舒适，思维兴奋活跃但不失控，恰到好处。

黄酮：主要存在于水果、蔬菜、谷物和植物根茎叶中，具有抗氧化、抗炎和抗病毒作用。现有研究证实从植物提取的黄酮类化合物有多种药理作用，尤其保护心脑血管方面。植物类露酒中黄酮类化合物的多个芳环（A环、B环）和酚羟基等结构使其能与蛋白质结合，作用于星形胶质细胞中乳酸脱氢酶（lactate dehydrogenase，LDH）蛋白，促进LDH的体外释放,达到抗氧化的目的。

花青素：广泛分布在植物组织细胞中，是构成花瓣和果实五彩缤纷的主要色素之一，同时存在于植物的叶、茎或根中。花青素含量较高的水果如桑葚、蓝莓。花青素具有抗氧化剂的功能，消除体内自由基，抗衰老，同时可降低胆固醇水平，可降低毛细血管壁通透性和增强毛细血管弹性，通过改善微循环防治心血管相关疾病。李伊姣发现蓝莓黑莓酒中的花青素对二肽基肽酶Ⅳ（DPP-Ⅳ）具有抑制作用，说明花青素可以调节机体中能引起血糖升高的关键酶，并且对糖尿病并发症的发生有一定的干预作用。

单宁：也称为鞣酸，是一种天然的酚类物质，广泛分布在植物的杆、皮、根、叶、果实的表皮或果核中，呈现的是苦味和涩味，但它同时是天然的抗氧化剂和防腐剂，对露酒的品质起着非常重要的作用。单宁是构成露酒筋肉的成分，可以使酒体丰满、浓郁、厚实，从而具有结构感、充沛、味长，同时单宁还可以在露酒成熟过程中转化成芳香成分，参与醇香的构成，它也是露酒耐贮特性的保证。除此之外，单宁还是对女性友好的一种功能性物质，具有较好的美白保湿及抗衰老功效。

皂苷：是苷源为三萜或螺旋甾烷类化合物的一类糖苷，主要分布于陆地高等植物中，也少量存在于海星和海参等海洋生物中。许多中草药如人参、灵芝、远志、桔梗、甘草等的主要有效成分中都含有皂苷，具有抗菌活性或解热、免疫调节等非常有价值的生物活性。研究表明，个别皂苷有特殊的生理活性，如人参皂苷能增进DNA和蛋白质的生物合成，提高机体的免疫能力。

多糖：植物中的多糖种类很多，如黄精多糖、香菇多糖、灵芝多糖、枸杞多糖等。多糖在抗氧化、抗凝血、降血脂、降血糖等方面发挥着生物活性作用。近年来大量药理临床研究表明，多糖作为一种非特异性免疫促进剂，具有增强体质、调节机体免疫、抗辐射、抗病毒等多种功效。各类药食同源真菌酒中的多糖具有显著生理活性，可通过活化巨噬细胞刺激抗体产生等提高人体免疫能力。

氨基酸：氨基酸作为生命有机体的重要组成部分，在生命体内物质代谢调控、信息传递方面扮演着重要角色，尤其是必需氨基酸异亮氨酸、亮氨酸、赖氨酸、蛋氨酸、色氨酸、苏氨酸、苯丙氨酸和缬氨酸，在人的生命过程中起着至关重要的作用。贺鹏等人利用高浓度白酒作为酒基研发了一款澳洲坚果露酒，氨基酸总量均在16.70mg / 100mL以上，氨基酸比值系数分排序为果壳露酒（59.65）>晾干果露酒（51.85）>烘干果露酒（49.04）；坚果露酒的香气组分主要以酯类化合物为主，尤其是棕榈酸乙酯的含量较高，增加的油酸乙酯既可提升香味又可作药用辅料，具有活化血管、防治动脉粥样硬化的功效，而亚麻酸在澳洲坚果露酒当中也有增加，表明白酒浸泡澳洲坚果果壳后使露酒不仅具有特殊奶油香味，酯香浓郁，且增加了一些功能成分，提升了坚果露酒的保健功能。

多肽：多肽类物质除具有蛋白质的营养价值外，还具有非常重要的调节作用，这些调节作用几乎涉及人体所有生理活动，如神经系统、消化系统、循环系统、内分泌等。目前研究较多的有酪蛋白磷肽（CPP），它与钙、铁并存时可促进骨折患者康复,并对贫血也有改善作用；谷胱甘肽可与体内有害有机物、金属离子络合使之排出体外，还可缓解酒精性脂肪肝、消除体内氧化反应过剩产物。当前从海洋生物中开发出来的活性肽，具有多种功能活性，其开发出来的露酒可帮助改善睡眠、调节肠道菌群、维持血压健康水平、免疫调节等，享受酒香的同时还有助于改善身体出现的亚健康状况。

露酒除了以上健康活性成分，某些香气成分的小分子化合物除了是酒体关键物质外，还是发挥养生作用的“健康因子”。草药、花果等原料中的许多香气物质也具有突出的健康活性，比如，香叶醇、芳樟醇、水杨酸甲酯、肉桂醛和柠檬醛等，对肝脏保护、降血脂等有辅助作用。

23 露酒与生活

在古代，露酒多以养生保健、疗疾防疫的功能饮用，现今在“药食同源”理论基础上，新国标下的露酒产品在提升风味与品质的同时，依然具有较高的营养与健康功能，有助于改善与调节机体功能。根据相关研究成果，适量饮用露酒有助于维持肠道健康、缓解疲劳、改善皮肤状况、增强免疫力、维持血脂健康水平等。

（1）有助于缓解疲劳

露酒中含有多种草药，如人参、枸杞子、葛根、甘草、荷叶等。研究表明，这些草药中的多糖、皂苷、黄酮类物质等可以帮助缓解疲劳。如方昊以黄酒为酒基，以甘草、桂花、生晒参为原料，筛选出非发酵配伍的复合配方，研发出一款植物露酒，并对其研究发现，该露酒中黄酮类化合物与人参皂苷含量高，且均具有抗疲劳功能。

对于长时间工作、学习的人来说，小酌一杯露酒可以起到很好的提神醒脑作用。露酒中的活性因子可以帮助缓解神经肌肉紧张，还能帮助人体提高有益胆固醇含量，让血液更通畅地流向大脑，扩张大脑血管，有效消除脑力疲劳。

（2）改善皮肤状况

露酒中的水果及药食同源植物原料中含有大量的维生素C、维生素E、多酚类化合物和类黄酮，这些物质具有显著的抗氧化活性。抗氧化物质可以抵御自由基的损害，通过重建破损DNA、修复细胞，从而维护细胞的健康，延缓衰老。程云环等研究发现怀山药及其零余子多糖均有还原能力和抗氧化活性，且零余子多糖抗氧化活性相对更强。N.Yassa等对大马士革玫瑰鲜花瓣的水醇提取物进行了2,2-二苯基-1-苦基苯肼（DPPH）和脂质过氧化的自由基清除实验，结果表明，提取物在抑制脂质过氧化的实验中表现出了较强的清除自由基的能力。

实验研究证明多种药食同源原料可以抑制酪氨酸酶活性，中药如当归、白芷、茯苓、玉竹、白茅根、桔梗、薏苡仁、

黄精、桃仁、灵芝等，其中白芷、茯苓、当归等抑制作用较强；花类如槐花、丁香、金银花、莲花等，也有助于肌肤美白。另有研究表明，黄精、枸杞子、人参、青果等可以通过抗氧化、清除自由基、促进皮肤成纤细胞的生长，有助延缓皮肤衰老。

（3）有助于调节维持肠道健康

露酒中添加的具有药食同源作用的植物成分，如山楂、陈皮等草药，这些草药可以健脾开胃，促进消化。对于容易消化不良、胃口不好的人来说，适量饮用露酒可以起到很好的调理作用。有些露酒中含有果酸，饮用之后，能刺激胃分泌胃液；酒中所含的单宁物质，可增强肠道肌肉系统中平滑肌肉纤维收缩，强化肠胃功能，调节消化液分泌，促进消化吸收。

（4）有助于增强免疫力

露酒中添加的多种草药及高等真菌类，如黄芪、枸杞子、灵芝、西洋参等，这些草药可以起到提高免疫力、保持机体活力的作用。提高免疫力可以预防感冒等疾病的发生。免疫器官分为中枢和外周免疫器官，中枢免疫器官包括胸腺和骨髓，是免疫细胞分裂、分化和成熟的场所；外周免疫器官包括淋巴和脾脏，是成熟T细胞和B细胞的定居场所。刘洋等发现从灵芝菌托、菌柄和菌盖中提取的多糖均能提高环磷酰胺免疫抑制小鼠的免疫器官指数，增强B淋巴细胞增殖、脾自然杀伤细胞活性，增加细胞因子白细胞介素-2、白细胞介素-6、α肿瘤坏死因子及免疫球蛋白G释放。

（5）有助于维持血脂健康水平

露酒含有多酚、黄酮、多糖、环烯醚萜、生物碱、矿物质和维生素等健康活性成分，可调理改善高血脂、高血压、糖尿病等症状。古丽米热·祖努纳以药食同源植物药桑为原料搭配葡萄研制的药桑葡萄果酒，对Wistar大鼠进行灌胃，研究药桑葡萄果酒对高脂血症水平的降脂功效。结果显示药桑葡萄果酒显著降低了Wistar大鼠血清总胆固醇、甘油三酯、低密度脂蛋白胆固醇、血清丙二醛含量，显著升高了高密度脂蛋白胆固醇和血清超氧化物歧化酶、过氧化氢酶含量，很好地改善了血清脂质过氧化，减少了动脉硬化的风险；肝脏病理学检查发现与高脂血症大鼠模型组相比，药桑葡萄果酒处理的Wistar大鼠肝脏病理切片脂肪变性明显改善，说明了药桑葡萄果酒可以有效抑制肝脏中脂质的积累，有助于降低高血脂风险。

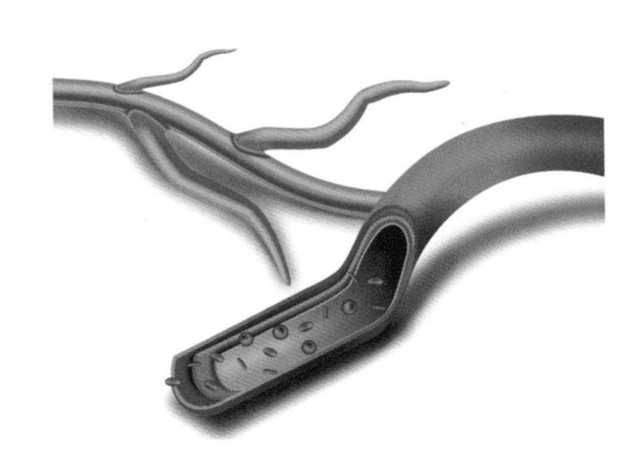

适量饮酒，有益健康

酒，是大自然的恩赐，是来自于谷物与花果的灵魂、散发着浓郁芬芳的神奇液体，注定会融入人类的历史。中国是世界上最早酿酒的国家之一，也是世界三大酒系的发源地之一。千年以来，酒一直伴随着人们的生活传情达意。开心时喝酒庆祝，独处时候自酌自饮，团聚时刻把盏言欢。饮酒已经不是单纯的食用价值，它凝结了人类物质生产与精神创作，作为一种文化符号，一种文化消费，用来表达一种礼仪、一种气氛、一种情趣、一种心境。露酒汇聚传统酿造酒基与药食同源物质于一身，馥郁芳香，效益良多，更为核心的是其传承了千年的健康理念与养生文化。

露酒的保健功能显著，如红花酒可缓解血瘀性痛经症，龟肉酒可调节多年咳嗽，蛇血酒补养气血，橘子酒、桃仁酒可调养肾虚腰痛等。但是当我们面对露酒时，也应保持清醒的头脑，它可以成为生活中的“调理良方”，但若不能适度地控制，它的作用也可能会适得其反。凡事要有度。“适量”，是以不伤身体为原则，如何合理、规范、有效地应用和发扬，这应是我们在接受露酒并将其传承时所持有的态度。

怎么才算是适量饮酒?《美国居民膳食指南2015—2020》中建议，男性每周饮用酒精量不超过196g，女性每周不超过98g。《英国居民膳食指南2016》中建议，不管是男性还是女性，每周饮用酒精量均不超过112g。《中国居民膳食指南2023》建议成年人每周饮用酒精量不超过105g。以上告诉我们的是每周最高饮酒量的上限值建议，饮酒时要有理智的头脑，清楚自己身体的状态，可参考按自身“酒量”的五成或六成为度酌酒。一般而言，以饮后心情舒畅、语言表达清晰、情绪得以释放为宜。若到了感觉轻微语言和肢体的“失控”情况，就需要停止了。在“大健康”背景下，“喝少一点、喝好一点、喝健康一点”的露酒更符合国人的选择，小酌怡情，心情好才会更健康。

露酒五雄，铸就经典

极致匠心，创新典范——劲牌·养生一号

劲牌有限公司自20世纪70年代走上传承养生草本酒的道路，秉承“好而不同，追求极致”的产品理念，在湖北黄石、四川宜宾、贵州茅台镇分别建设清香、浓香、酱香三种香型原酒酿造基地，并拥有130多个中药材直供基地；分别打造了“中国劲酒、毛铺酒、持正堂”三大核心产品品牌，通过创新草本科技，赋能产品健康内涵，率先将科学提取技术、中药指纹图谱技术运用于产品生产，代表性露酒产品品牌是劲牌养生一号酒、毛铺草本年份酒。

基于对人们健康饮酒、高品质饮酒需求的洞察，在大健康时代背景下，“劲牌养生一号酒”集劲牌有限公司40年不懈研发应运而生。“劲牌养生一号酒”传承了《黄帝内经》养生智慧，择道地产区，精选黄精、铁皮石斛、灵芝、人参、杜仲雄花等10味珍贵原料并科学提取其活性成分，以幕阜山溶洞天然泉水酿制的15年清香陈酿酿造而成。“劲牌养生一号酒”色如琥珀金黄，晶莹透亮富有光泽，药香浓郁酒香优雅，入口醇甜柔润饱满，落喉顺畅酒体回甘，风格典型。

浮竹于酒，千年流芳——汾酒·竹叶青

唐代著名诗人杜牧的《清明》中，“借问酒家何处有，牧童遥指杏花村”让山西汾阳的杏花村名闻天下，也让与汾酒同出一辙的竹叶青酒名扬四海。竹叶青酒作为我国八大名酒之一，最早将中药材等植物配制到制酒工艺中，可上溯到战国时代，是中国养生酒的开山鼻祖。《编珠》卷三所引汉人张衡《七辩》曾概括汉代四种名酒，即“玄酒、白醴、葡萄、竹叶”。唐朝时，武则天当了皇后怀念家乡美酒的滋味，便将故乡名酒作为贡酒，并留下千古名句：“酒中浮竹叶，杯上写芙蓉。”在明代，竹叶青酒仍是宫廷御酒，明世宗朱厚熜还曾将“内法竹叶青酒”赏赐大臣，能够得到御酒竹叶青酒的人，总会有

一种受宠若惊的感觉。作为山西杏花村汾酒厂股份有限公司的全资子公司，山西杏花村竹叶青产业有限责任公司以“酒体高品质、口感舒爽化、外观中国风”为设计理念，延续了传承1500多年“天人合一”“药食同源”健康理念的历史名酒——竹叶青酒，并研发出白玉汾酒、玫瑰汾酒等露酒产品。

青享版竹叶青酒具有“高端品质　低糖含量　精选药材”的特色。酒体在技术上将浸提和复蒸馏技术复合应用，实现了草本风味物质和香气成分的最优化提取。首先是降糖，采用木糖醇等替代糖源复配使用，且含量极低。第二是对酒基质量和配制技术的要求显著提高，不仅精选高档酒基，提高对草本药材的选材标准，更对配制技术进行创新，达到完美缔合度，才能在大幅度降糖的条件下，既保留原有的保健功能，又要做到酒体的醇和舒爽。青享版竹叶青酒酒体呈柚黄色，清雅原料芳香与酒香诸香和谐，口感舒适爽净，清香润朗。青享系列产品相继荣获“中国食品工业协会科学技术奖一等奖”“中国酒业协会2020年度青酌奖”等荣誉。

竹葉青
30

竹葉青
20

27 三花五草，和美五粮——五粮液·五粮本草

秉持“酿造天然露酒，弘扬和美文化”的使命，依托岷江之滨得天独厚的生态环境以及独具特色的酿造资源，宜宾五粮液股份有限公司的控股子公司——宜宾五粮液仙林生态酒业有限公司于2001年起进军露酒领域，依托强大的白酒优势资源，精选植物配方与浓香型酒基相融，将返璞归真的传统浸泡与现代提取技术巧妙结合，突破原料提取及口感优化等多重技术难点，先后研发出以吉林长白山人参为原料的人参酒、以凉山州苦荞为原料的苦荞酒、以多种草本植物为原料的五粮本草等露酒产品，所酿之酒酒体纯正、酒香浓郁、口感柔顺、绵醇甘冽、回味悠长，并多次斩获中国“酒业奥斯卡”之称的“青酌奖”。

三花固本，五草强元；草本润色，酣沉其间。“五粮本草”系列露酒凝聚了天时、地利、人和之契机，三面融合，充分展现了传承与未来、守正与创新、风味与消费之“和美”。“五粮本草”取长江之水、汇本草之精、聚匠心之力，正是宜宾千百年酿酒文化的缩影与延续。酒体色泽晶莹微黄、自然老陈，酒花细腻持久，酒香典雅芬芳，酒味绵甜醇厚，

回味悠长，别具一格。“五粮本草”系列露酒产品，不仅体现出宜宾五粮液仙林生态酒业有限公司对“三花五草”道地品质的追求，更显现出以现代科技萃取草本精华、追求草本之灵、彰显和美琼浆的魅力所在。

28 百年老窖，萃茗入酿——泸州老窖·茗酿

公元1573年，舒承宗采集泸州城外五渡溪黄泥建造“泸州大曲老窖池群”，即今日泸州老窖“1573国宝窖池群”。历经四百余年浓香厚积与六百余年匠心沉淀，泸州老窖养生酒业秉持“传承国粹，颐养天下”，开启对健康养生功能露酒的探索，先后推出茗酿、绿豆大曲、荞酒、薏米大曲、参酒、百年白首、银杏酒等功能性养生系列、草本花果系列、道地食药原材系列三大品系保健养生露酒，乘着大健康产业巨轮驶向蓝海。

酒可怡情，茶可清心，古时文人雅士常以酒为媒、以茶为介，也从品味茶酒中衍生出无限的精神思悟，成就了璀璨

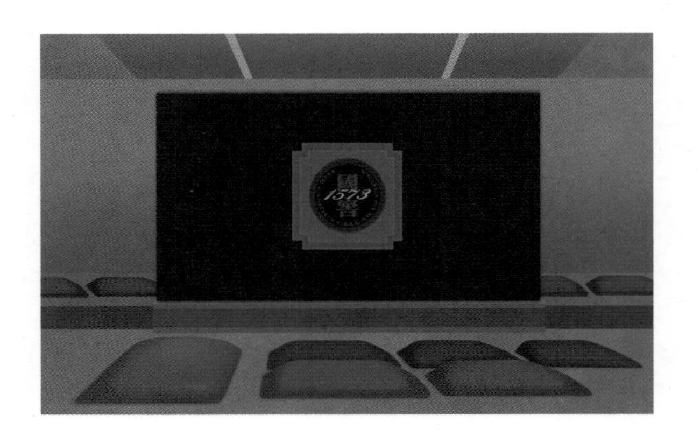

的历史文化。茶酒相融，起源于北宋文学家苏东坡“茶酒采茗酿之，自然发酵蒸馏，其浆无色，茶香自溢”以茶酿酒的风雅创想，他以“七齐”“八必”为名，发明了一套茶酒的酿造方法，但由于当时科技局限未能成功。百年后，泸州老窖茗酿系列露酒，完成了苏东坡的“茶酒梦”。茗酿酒采用含有多种香味活性成分和较低杂醇油的泸州老窖酒基，加入生物萃取的茶叶精华因子，利用低温定向萃取技术，保全了来源于茶的健康因子及风味成分，并辅以核心“拼配技术”帮助其实现原材融合。通过精心酒体设计，不减优质酒基的香醇绵长，只增茶香氤氲的清净余甘，最终实现茶与酒的“双向奔赴”，造就了茗酿酒“入口柔、吞咽顺、茶味香”的口感。凭借“融合美、匠心美、品味美、自在美”的美酒内涵，茗酿系列酒先后斩获“青酌奖”酒类新品奖、“香港国际美酒展”银奖、“中国酒业最具创新价值品牌”、“中国酒业金樽奖”等多项行业大奖。

始于鹿龟，历久弥新——海南椰岛·椰岛海王酒

民间自古有云：“北有虎骨酒，南有鹿龟酒。”如今由于国家对野生动物的保护，虎骨酒犹如过眼云烟一去不返，而鹿龟酒仍在“滋补酒”的美誉下觥筹交错。20世纪90年代，海南椰岛（集团）股份有限公司因“健字号”椰岛鹿龟酒扬名国内外，近年来利用现代科技，不断在传承中创新，正式走上露酒产品快速发展之路，确立了以“海王酒”为露酒板块的拳头产品。

《本草纲目拾遗》记载:“海参，味甘咸，补肾，益精髓，其性温补，足敌人参，故名海参。”海参富含蛋白质、牛磺酸、氨基酸、多种维生素和微量元素，现代研究表明，海参对提高记忆力，预防动脉硬化、糖尿病等有辅助作用。作为椰岛鹿龟酒的同胞姊妹酒，椰岛海王酒在鹿龟酒组方的基础上提炼、科学配伍，融合现代酿造技术，传承传统精髓，以“八珍”之一的海参为主要原料，并辅以枸杞子、龙眼肉、栀子、砂仁、肉桂等7种药食同源食品，以海南小曲清香酒为酒基，经过现代化提取工艺、数字化精准调配、大罐密封陈酿及多道精密过滤酿制而成。入口清香甘醇，绵甜柔和，舒适净爽，具有独特的海洋风味。

科技赋能，
唱响未来

30 露酒，跃居中国“第三大酒种”

新国标的实施为露酒进一步正名，明确身份意味着露酒市场发展走向标准化，露酒概念的清晰化、标准体系的规范化为中国露酒发展迎来了新的春天和新的发展机遇。近年酒业整体增长率为5%，而露酒行业异军突起，保持着年均30%的高速增长。2022年露酒产业实现销售收入262亿元，收入和利润同比增长已经超越黄酒和葡萄酒，跃居为中国第三大酒种。

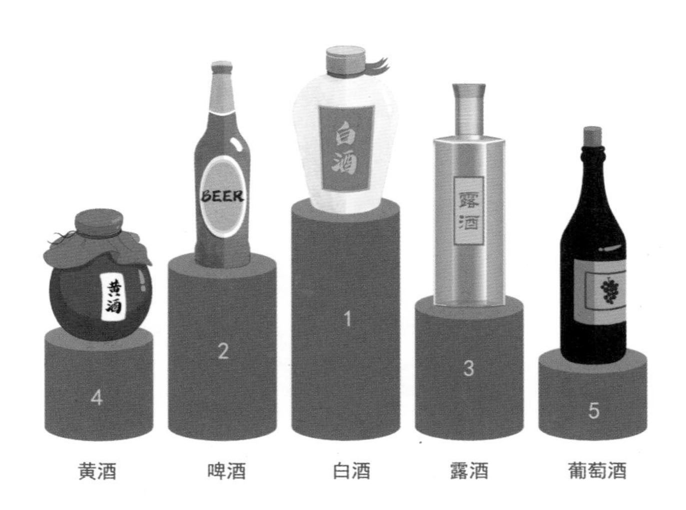

当前，劲牌以百亿级体量占据露酒市场三分之一的市场份额，泸州老窖、汾酒、五粮液、海南椰岛等头部企业正冲向十亿级市场规模，更多的中小露酒企业则保持在千万级营收规模。近两年来，业内专家频频互动，为露酒行业的发展出谋划策，通力合作开创露酒细分市场，进行差异化竞争，使产品结构更加细化合理。许多老牌酒企以及生物制药相关领域公司也开始进军露酒行业，国内涉足露酒的企业已经超过5000家，新产品不断涌现，逐渐形成百花齐放、百家争鸣的新局面。

酒种的崛起或沉沦，受到消费群体习惯与喜好的影响。近几年“国潮”崛起，葡萄酒由于缺乏东方本土文化共融，发展一度迟缓。而黄酒作为我国国酒、世界美酒界的优秀代表，由于发展区域的局限性，以及消费者对其了解还不深入，蕴含的价值有待彰显。通过行业的共同努力，黄酒的价值回归已初见成效，正蓄势待发。随着社会经济的发展，年轻化消费方式的转变，以及大健康浪潮的兴起等，消费者对酒品提出了新需求。露酒自带的个性化、多元化、健康化等特点，则具备吸引当下消费者的天然优势。

当然，露酒市场蓬勃发展和科技进步有着密不可分的联系。长期以来，露酒产品风格偏重药，偏重甜，多强调产品的功能保健属性。针对于此，露酒企业依靠现代生物技术、分析检测技术、功能风味成分提取技术等，开展对露酒的系统研究，丰富酒体风味的同时，不断提升饮酒的舒适度，使其在迎合中老年人健康饮酒需求的同时，也满足了更多年轻消费者的需求。在产品设计上，各露酒企业以鲜明个性和独特魅力，实现产品错位发展，赢得了消费者的信任和喜爱，构建起更个性、更多元的露酒市场。以泸州老窖为例，其三大系列十余款单品的产品矩阵，就满足了不同细分市场的多种个性化需求。

此外，中国酒业协会联合各大露酒企业，积极探寻和论证中国露酒的起源与发展历程，系统梳理露酒酿制的历史、文化和技艺，理清露酒文化脉络，丰富露酒文化内涵，同时在国内外开展富有实效的中国露酒文化传播和品牌宣传活动，从历史文化方面为露酒品类进行价值赋能。

在消费场景开拓方面，近年来，露酒产业通过强化露酒文化场景体验打造，充分做好了消费者培育与转化，让更多消费者身临其境感受到露酒的独特文化与品质技艺，以露酒的风味与功能为双导向，构建起风味、健康与文化的场景式体验，与消费者建立起真实且深厚的情感联系。

31 中国酒业露酒研究院、T5企业共酿露酒新芳

露酒在我国酒类发展史中占有重要地位，近年来也备受瞩目。为了推动露酒产业高质量发展，2020年7月，中国酒业协会将原果露酒分会撤销，新设立了露酒分会与果酒发展委员会，将两者划分开有利于露酒行业标准化的发展，同时也为行业发展凝聚共识、积聚力量。

为了进一步打造露酒发展新平台，2021年9月23日，“中国酒业露酒研究院”（以下简称露酒研究院）在中国酒业协会露酒分会年会上宣布正式揭牌成立。这是在中国酒业协会指导下成立的首家以“露酒产业研究”为核心的研究院。露酒

研究院作为连接各方企业、高校的纽带，以推动中国露酒产业高质量发展为己任，努力建设产学研深度融合的露酒技术创新体系，紧紧围绕风味品质、功能健康、食品安全、文化品牌等重要维度持续开展前瞻性研究和基础研究项目。

2021年12月，露酒研究院首次战略研讨会召开，初步搭建了关于未来发展的框架体系，明确了研究方向，围绕露酒行业运行管理、工艺传承和创新、质量与食品安全、检验检测体系、智能制造和管理、知识产权保护、市场营销等开展工作，并分类别设立相应专家委员会，参与产业项目和课题研究。成立近两年来，露酒研究院参与推动我国露酒标准化进程，充分进行露酒质量与食品安全体系探索，并通过产学研联合模式在基础工艺技术、品质价值表达与新品研发等方面取得了一定成果。露酒研究院以竹叶青酒等名优露酒为研究对象，剖析其原料药材、酒基、母液和成品酒中的挥发性成分，利用现代科技和数据直观展现露酒中的呈色呈香呈味物质、健康因子等风味物质和功能成分，助力露酒产品的可视化表达。

露酒研究院为改善露酒行业人才匮乏现状，强化人才培养与队伍建设，与江南大学、中国医科大学、中北大学等院校和企业进行合作，构造以项目为纽带的培养机制，让学界的优秀人才“走进来”，让工业界的丰富经验“传出去”，充分推动交流，打造露酒人才梯队，助推露酒科技发展。

此外，站在高质量发展的“十四五”时代路口，2022—2023年，中国酒业协会携手露酒行业五大头部企业——劲牌、汾酒、五粮液、泸州老窖、海南椰岛，连续举办两届“中国露酒T5峰会”，共同探讨露酒产业在新形势下发展存在的问题，以及如何让露酒产业的巨大潜力得到释放，让露酒回归本源，从历史文化价值、时代需求、科技赋能、风味与健康升级等多角度使消费者更好地了解露酒、认识露酒、喜爱露酒。两年来，露酒T5企业充分发挥行业“头雁”作用，肩负起露酒复兴、露酒振兴的重任，在美好生活的美好时代，充分发挥各自独有的优势，做好行业表率，共同探索一条适应时代、适应需求、适应市场、适应消费者的健康发展之路，合力开创露酒新的春天。

32 创新原料提取技术提升露酒品质

露酒中的药食同源原料主要起两个作用：一是增加风味，二是增加活性物质。香气是露酒多元化的核心因素，香气提取技术是露酒生产中的核心技术。常见的露酒香气物质提取技术有浸提法、蒸馏法等。浸提法较常用，尤其在果酒生产中，但不适用于富含生物碱的香源性物质，比如咖啡、茶叶等原料。因为生物碱与酒精有协同作用，易造成宿醉和健康损害，比较典型的有四洛克（Four Loko）。这种酒原配料中含有较高浓度的咖啡因和牛磺酸，会加速血液循环，增加心血管负担，同时还感受不到醉意，大大提高了因过量饮酒致酒精中毒的可能性。

因此，江南大学传统酿造食品研究中心科研团队研发出高保真香气物质提取技术，该技术只提取香气物质，生物碱和多糖等不挥发成分不会进入酒体。此外，

科研团队利用目前全球最先进的蒸馏设备高效提取水溶性香气物质，具有香气物质回收率高、香味保真度高、原料适用面广的特点。200L/h中试设备已开发成功并投入使用，咖啡、薄荷、桂花、陈皮、丁香、玫瑰花、菊花、砂仁、生姜等效果优良，其香气物质回收率是市场普通设备和技术的3 ~ 10倍。已成功研制出咖啡香露酒“摩卡”，此款酒在控制咖啡因含量的同时，还具有浓郁的咖啡香气，口感柔和，唇齿留香，回味无穷。

精油由于其天然原料，无人工香精、防腐剂的特点，兼具风味香气、身体保健、美容护发、情绪调节等多种功效，深受消费者喜爱。江南大学传统酿造食品研究中心科研团队进行技术攻关，首次利用纳米化技术将玫瑰精油加工成水溶性纳米液滴，制成“精油饮料”。制得的纳米化的玫瑰精油可直接被小肠上皮细胞吸收，吸收代谢速度提升一倍。与此同时，由于水溶性好，该技术极大拓展了精油原料的应用范围，现已成功应用于以黄酒作为酒基的露酒产品中。

除香气提取技术外，江南大学传统酿造食品研究中心科研团队还专注原料功能活性物质提取技术，并结合先进技术与传统方案，对提取方案不断进行改进。团队以茶香露酒为例展开研究，针对主要活性成分茶多酚、咖啡碱和茶氨酸设计综合提取试验。就茶多酚、咖啡碱和茶氨酸而言，超声水提法与热回流水提法相近，但超声水提法省时、省能源。科研团队研究表明，利用传统水蒸气蒸馏法结合超声技术提取的结合方法比单一方法的提取率明显提升，原材料消耗减少，能耗降低，从而降低提取成本，新技术也能够更好地保护茶香露酒的营养成分。

茶果香气的露酒，皆在路上

露酒的范围很广，在全国各地的名酒、优质酒更是不胜枚举，如泸州老窖茗酿、汾酒竹叶青、劲牌毛铺苦荞酒等。江南大学传统酿造食品研究中心科研团队秉持守正创新精神，在传统文化中汲取营养，同时紧跟新时代个性化定制化的潮流，迸发出多样灵感，开发出不同香型的露酒。

茶与酒都是中华传统文化的重要组成部分，两者都有着悠久的历史和深厚的文化底蕴，其制备工艺的系统化和规范化过程凝聚了古人的智慧结晶，品茶饮酒衍生出的意蕴又展示了文人墨客的生活

哲学。茶文化追求个人内心的宁静、与自然的和谐，酒文化强调表达群体的交往和共同情感。江南大学传统酿造食品研究中心科研团队取两种文化之精华，将茶香与酒液巧妙结合，研制出茶香露酒“赤竹”。这款酒采用多品种老树陈茶，通过生物发酵和生物酶解技术，浓缩茶叶的有益成分，汲取天然草本植物活性因子，融入酒中。让人既能品味“绿云入口生香风，满口兰芷香无穷”的馥郁香气，又能享受“对酒当歌”的快意，带来独特体验。此外，该款露酒使用的红茶香气提取液中含有较多的活性成分，主要是香叶醇、芳樟醇、柠檬醛以及 β - 紫罗兰酮。其中香叶醇和芳樟醇是红茶香气提取液中含量最高的香气物质，其生理活性和对人体保健的作用在所有物质中最为明显，有助于抗氧化应激、抗炎症反应和调节血脂代谢等。

当代个性化、多样化消费渐成新趋势，为了拓展消费群体，创造出适合年轻人品饮露酒的多元化消费场景，江南大学传统酿造食品研究中心科研团队大胆创新，利用高保真香气提取技术、酒体设计技术，将不同的香源性物质与高品质黄酒酒基相融合，研发出荔枝香露酒“妃子醉”、兰花茶香露酒“兰竹”、山茶花香露酒“冷山”、焦糖香露酒“太妃”等产品，以满足消费者的多样需求。

云雾 Cloud

（烟熏香）

人间烟火气，最抚凡人心。
灌木丛中，烤着肉的老木头烟雾升腾，
缕缕烟熏香气入鼻。
小酌一口，你是否开始怀旧？

如春雨过后的清晨，
混合着各种草本植物的青涩香气。
阵阵清香带走一夜的慵懒与疲倦，
沁人心脾。

34 海洋及陆地生物资源带给露酒的更多可能

露酒是多元的，酒基的多元化、加入食品的丰富性以及产品工艺的多样性，决定了露酒产品的多样化。随着创新技术的发展，露酒产品不仅在风味上可以“大展拳脚”，在食品资源选用及其加工方式上也具有“广阔天地”。

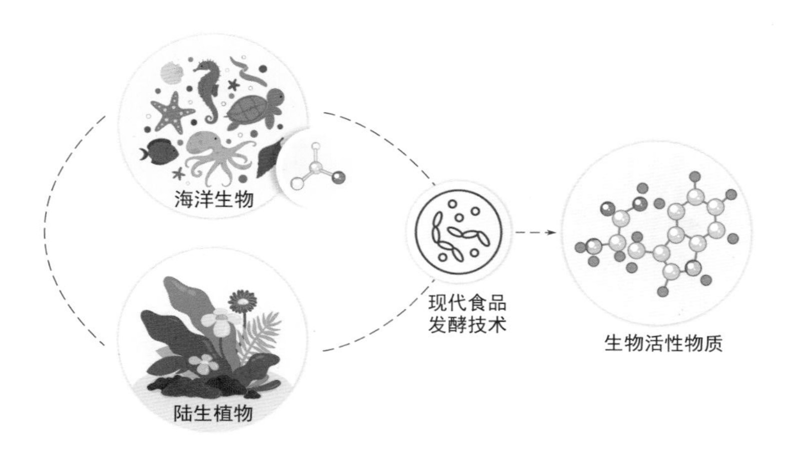

我国拥有约300万平方公里的蓝色国土，海洋生物资源种类丰富，海洋动植物种类共计约20278种，蕴藏量大，有

极大的开发空间。随着海洋生物资源高值化利用技术不断进步，海洋生物资源越来越广泛地应用到工业生产的各个环节中。江南大学传统酿造食品研究中心科研团队在海洋生物中提取活性多肽、优质蛋白质、不饱和脂肪酸和皂苷等，这些成分在增加酒体的柔滑度和厚重感的同时，还具有调节免疫等生理功能的作用。现已通过感官组学等技术，使用动物模型、细胞模型等方式，解析牡蛎蛋白肽和鱼胶原小分子肽的分子结构与感官特征，并分别将其加入酒基中，研发出最优风味比例。

海洋生物在稳定的高盐、高压、高渗、低温、低光照的特殊环境下生长，机体内含有许多结构特殊的代谢产物

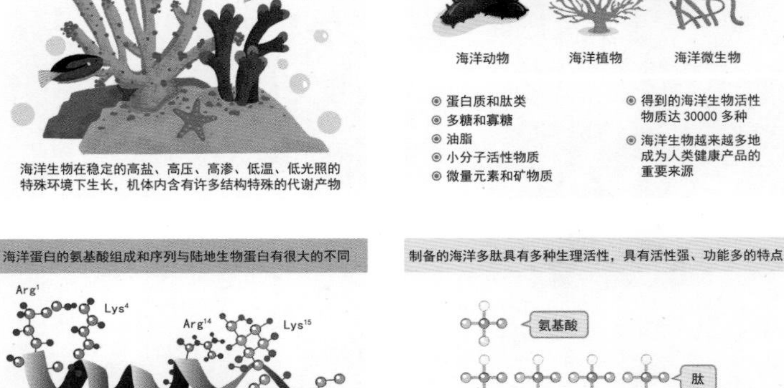

当前露酒市场上原料大多使用陆地生物资源，经统计，市面上较为常见的83种露酒成品酒中，使用最多的是植物类原料，占比高达76%，其中最常用的是枸杞。枸杞既具有滋补肝肾、益精明目的功效，又能够为酒体提供浆果甜香气及甜味。江南大学传统酿造食品研究中心科研团队充分探究黑枸杞、红树莓、葡萄籽等植物类原料中的黄酮、酚酸、花色苷、鞣花酸等多酚类化合物，这些化合物具有一定的促酒精代谢功能，还有助于降低血脂血压，可以开发出抗氧化、有助于心脑血管健康的露酒产品。

菌类物质如蘑菇、蛹虫草等也是未来可以继续深入研究的对象，除了增加咸鲜风味外，还可以增强露酒的生理活性。江南大学传统酿造食品研究中心科研团队结合各类真菌、益生菌及其发酵产物，从中分离制备活性多糖、多肽和膳食纤维等，研发的新型露酒产品有助于降低代谢负担，增强免疫力。

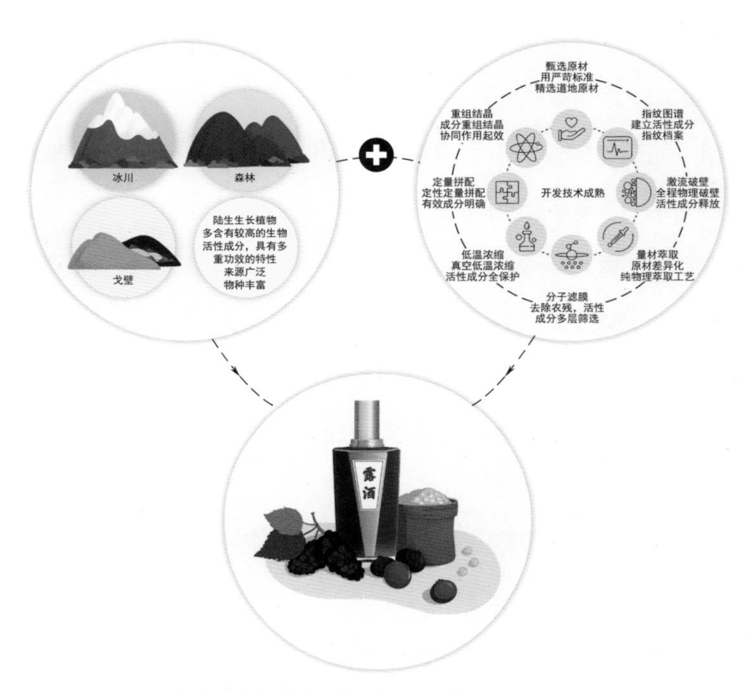

复合草本植物提取物+高质量酒基=多功能露酒

35 营养定制露酒未来展望

在华夏文明的发展历程中，酒与药常常是紧密结合的，“药食同源”的饮食文化深入人心。《汉书 · 食货志》中写道：“酒，百药之长，嘉会之好。”这句话的意思是：“酒，是百药的领袖，举行宴会的美物。”也从侧面反映出酒的发散之性可以帮助药力外达于表。我国历史上第一部官修方书《太平圣惠方》就记载了酒剂200余方，中药的多种有效成分都能溶解于酒精中，有些酒剂时至今日仍在沿用。我国中药材资源丰富，中医配伍理论可为露酒原料选用提供灵感，露酒行业可以不断挖掘中医药资源用于开发新产品。

漢書

食貨誌

酒者 天之美
祿帝王所以頤
養天下享祀祈
福扶衰養疾

酒 百藥之長

单行	单用一味药来治疗某种病情单一的疾病
相须	两种功效类似的药物配合应用，可以增强原有药物的功效
相使	以一种药物为主，另一种药物为辅，两药合用，辅药可以提高主药的功效
相畏	一种药物的毒副作用能被另一种药物所抑制
相杀	一种药物能够消除另一种药物的毒副作用
相恶	一种药物能破坏另一种药物的功效
相反	两种药物同用能产生剧烈的毒副作用

随着物质条件改善和居民文化水平的提高，消费者对饮食类产品的要求逐渐升级，越来越关注食品的营养健康。露酒以中国特有的“药食同源”为理论，其原辅料范围广泛，集聚药食物质的健康价值于一体，具有营养丰富、品种繁多的产品特性。新时代背景下，露酒不仅在风味香气方面要走向多样化，还要注重营养功能的定制化。未来的露酒产品应具有明确的、强化的、有体验感的功能。针对女性可开发具有养颜保湿、安神助眠等功能的产品；针对男性可开发缓解体力疲劳、有助于维持血脂健康水平的产品；针对老年人可开发具有助于增强免疫力、有助于润肠通便等功能的产品。现代科技赋能露酒，开发兼具风味与健康，且消费场景细分的创新产品是露酒产业发展的必经之路。

露酒十问
PORT
SHERRY

“露酒”的名字从何而来？

“露酒”这一名称来源于古代经典，露是酒的代称，指加了花果或者中草药的酒。“露酒”这一名字也可从字义字形上解释，“露”字的本义是露水，指夜晚或清晨近地面的水汽遇冷凝结于物体，也有滋润润泽的引申义。古人常在草木枝叶上观察到露水，而在酒中浸泡具有某种健康属性的中药材或者花卉蔬果，被认为具有水汽在草木枝叶成露的形象。因此，就把这种泡药材、花果的酒形象地称为露酒。另外，也有人认为，露有暴露的意思，就像把药材暴露在酒中，使其功能成分浸提出来一样。

明代宗臣《过采石怀李白》诗之一也写道："为君五斗金茎露，醉杀江南千万山。"南北宋时期，多种露酒被记录在诗词歌赋以及中医典籍中，表明了当时露酒在生活中的普及程度。植物类露酒有青梅酒、樱桃酒、竹叶酒、菊花酒、榴花酒、桂花酒等。李时珍《本草纲目》卷二五《附诸药酒方》记载："竹叶酒治诸风热病，清心畅意。淡竹叶煎汁，如常酿酒饮"，认为竹叶酒具有药用功能。古时动物类露酒有羊羔酒、醍醐酒等，醍醐是从牛奶中提取的食用脂肪，醍醐酒用醍醐和黄酒酿制而成。醍醐酒曾出现在南宋文人马子严《水龙吟》词句中："九酝醍醐雪乳。和金盘、月边清露。"到了近现代，根据《现代汉语词典》的解释："露，用花、叶、果子等蒸馏，或在蒸馏液中加入果汁等制成的饮料：荷叶露，果子露，玫瑰露。""露酒：含有果汁或花香味的酒。"露酒的称谓也就由此而叫开。

2 露酒与预调酒有何不同?

首先，露酒与预调酒是两种不同分类标准的酒种。根据国家标准GB/T 17204—2021《饮料酒术语和分类》，露酒与发酵酒、蒸馏酒、配制酒并列，是饮料酒产品分类中的一级分类。预调酒指预先调配好、包装销售的、可直接饮用的酒精饮料，是一种以产品包装状态来划分的酒的分类。预调酒属于配制酒的一种，未在最新的国标中有明确定义，暂属于配制酒的“其他配制酒”一类，是二级分类。

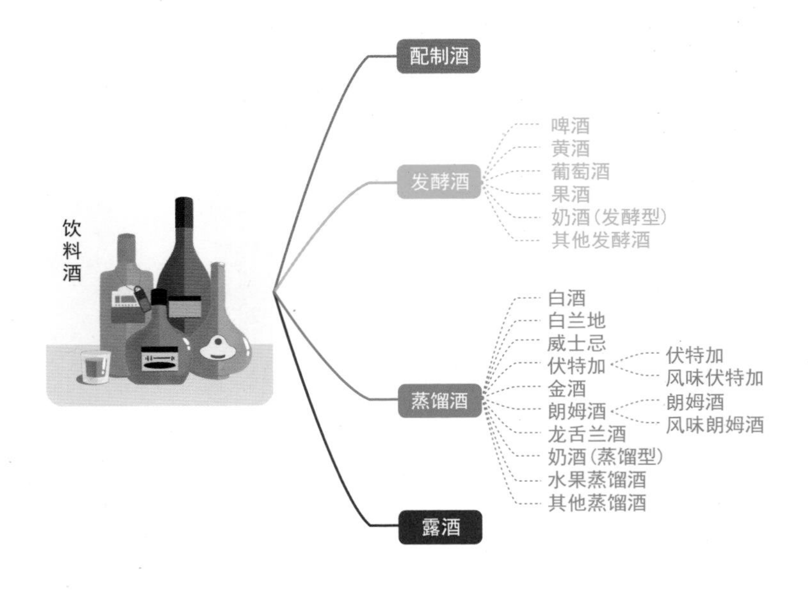

其次，预调酒和露酒的酒基不同。预调酒是由酒基和天然果汁或浓缩果汁调配好后包装制成的酒精饮料，它随着制酒工艺进步和市场消费趋势变更，是在近二三十年中新兴的一个酒种。预调酒的酒精度含量通常较低，一般为2.5%vol ~ 9%vol，常用的酒基有朗姆、伏特加、威士忌、白兰地等，常加入的原料有橙子、蓝莓、青柠、水蜜桃等果汁，此外还可能加入一些其他的香源性物质用以丰富香气口感。常见的预调酒品牌有锐澳（RIO）、百加得冰锐（Bacardi Breezer）、杰克丹尼斯（Jack Daniel’s）等。而露酒的酒基必须且只能是黄酒或白酒，常加入的原料除了花果还可以是药食同源的材料，品质相对于预调酒更加上乘。

露酒和预调酒也有一些共同点，比如两者都可以加入丰富的原辅料。露酒中以水果为主要原料的产品和大多数预调酒一样，观赏时酒体通透，色彩缤纷，赏心悦目，入口又能感受到水果的清香甘甜，既有顺滑口感，又有悠长回味。露酒作为新型饮料酒产品适合追求低酒精度、具保健功效、易入口且口感丰富的消费者。

露酒有无保质期，应该如何存放？

根据GB7718—2011《食品安全国家标准　预包装食品标签通则》规定，酒精度大于等于10%的饮料酒，可免除标示保质期。当前市面上常见的露酒产品如毛铺草本年份酒、竹叶青、五粮本草、茗酿、椰岛海王酒的酒精度均在30%vol以上，也就意味着这些露酒产品没有强制性的保质期标准。露酒产品虽无规定的保质期，但是有建议的最佳饮用期，尤其低酒精度露酒产品，最佳饮用期建议为3年内。

储存露酒产品时，建议在干燥、通风、阴凉处保存，要避免阳光直晒，放置的环境温度应该低于40℃，避免高温和潮湿，这样有利于延长保质时间。开封后的露酒，尤其是低度酒由于容易挥发，从而产生氧化反应，放置的时间越长，对露酒风味与品质的影响越大，因此一旦开封，建议尽快饮用完毕。

如想要封存未饮完的露酒，以下几种方式可供参考：① 使用热塑封膜和保鲜袋，将酒瓶全身都做密封处理，抽干空气，防止杂菌混入；② 用透明胶带缠紧，再封蜡，把已经熔化好的食用蜡，用刷子涂在瓶盖和瓶口的连接处；③ 有很多酒的酒

1. 把膜从酒瓶底部套入

2. 把多余的固定住

3. 用热风枪从顶部开始吹

4. 剪去底部多余的部分

瓶盖打开之后就难以盖回去，这时需要将酒转移到密闭性比较好的小容器中，比如陶瓷瓶、不透明玻璃瓶，这两种瓶子用性质稳定的硅制成，不易和酒精产生反应。

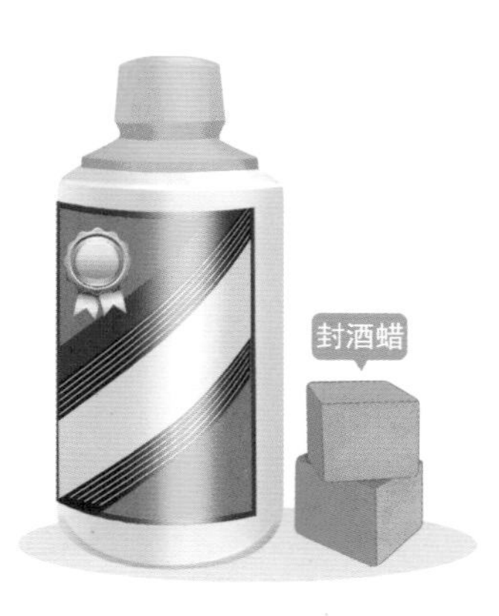

国外“露酒”有哪些?

露酒是我国独具特色的酒种，自古以来在种类上就与其他酒有着明显差异，根据国家标准的定义，露酒的酒基和独特的中药材成分将露酒和国外的配制酒明确区分开来。然而，配制酒这种“以发酵酒、蒸馏酒、食用酒精等为酒基，加入可食用的原辅料和/或食品添加剂，进行调配和/或再加工制成的饮料酒”有很多共通的技术工艺可以运用到露酒生产过程中，因此了解国外其他调香饮料酒也是有必要的。

金酒从工艺可分为蒸馏金酒、调配金酒等，根据产地划分比较有名的有荷兰金酒、英式金酒/伦敦金酒、德式金酒以

及美式金酒，按口味风格可分为辣味金酒（干金酒）、老汤姆金酒（加甜金酒）、荷兰金酒和果味金酒（芳香金酒）四种。不同国家和地区的金酒工艺及其使用的原料略有不同，但都以杜松子为原料，酒体含有特殊的杜松子味道。其工艺关键点在于如何调香。金酒生产中有两个关键：一是香料的种类和比例。配方上的轻微改变都会明显改变最后的风味，甚至每一种材料单独蒸馏再混合都与共同蒸馏的产品的风味不一样。二是如何使酒精获得特征香气。当前金酒生产中常见的是将所有材料一起蒸馏，这样能让各种风味结合得更好。有三种共蒸馏的常用处理方式：将香料按比例浸泡到粗馏液里之后，一是立刻开始精馏，以哥顿金酒为代表性产品；二是浸渍后精馏；三是最传统的方式，壶式蒸馏器出酒口下悬挂一个香料篮子（串香型金酒）。

开胃酒是一类以功能作用而分类的酒的统称，人在餐前喝了能够刺激胃口、增加食欲。适合于开胃酒的酒类品种很多，传统的开胃酒品种是味美思（Vermouth）、比特酒（Bitters）、茴香酒（Anisés）这三种。开胃酒大多是调配酒，

加入香料或一些植物性原料，用于丰富酒体风味。味美思是一种以葡萄酒为酒基，加入芳香植物浸渍而成的加香葡萄酒，常用的香气物质有苦艾、龙胆草、白芷、紫菀、肉桂、豆蔻、鲜橙皮等。味美思的主要产地为法国、意大利，张裕公司是我国生产“味美思”最早的厂家，时间长达百年。比特酒是在葡萄酒或蒸馏酒中加入树皮、草根、香料及药材浸制而成的酒精饮料，该酒酒味苦涩，酒精度在16%vol ~ 40%vol之间，是从古药酒演变而来的，具有滋补、助消化和兴奋的功能。茴香酒是用茴香油和蒸馏酒配制而成的酒，口味香浓刺激，分染色和无色，酒精度一般为25%vol。茴香油一般从八角茴香和青茴香中提炼取得，八角茴香油多用于开胃酒制作，青茴香油多用于利口酒制作。茴香酒流行于北非及地中海沿岸。

甜食酒同样是一种因其功能作用而命名的酒，是佐助西餐的最后一道食物——餐后甜点时饮用的酒品。通常以葡萄酒作为酒基，加入食用酒精或白兰地以增加酒精含量，故又称为强化葡萄酒，口味较甜。常见的甜食酒有波特酒（Port）、雪莉酒（Sherry）、玛德拉（Madeira）、玛萨拉（Marsala）等。与利口酒有明显区别，后者虽然也是甜酒，但它的主要酒基一般是蒸馏酒。主要生产国有葡萄牙、西班牙、意大利、希腊、匈牙利、法国等。

利口酒是以蒸馏酒（白兰地、威士忌、朗姆酒、金酒、伏特加、龙舌兰）为酒基配制各种调香物质，并经过甜化处理的饮料酒。从其本身产品特征来说，利口酒与我国露酒较为相近，其多采用芳香及药用植物的根、茎、叶、果和果浆作为添加料，个别品种如蛋黄酒则选用鸡蛋作为添加料。利口酒的酒精度多在15%vol ~ 35%vol之间，酒体色彩斑斓，气味芬芳独特，酒味甜，含糖量高。需注意的是，利口葡萄酒（Liqueur wines）并非利口酒，而是一种加入葡萄蒸馏酒、白兰地或食用酒精以及浓缩葡萄汁、焦糖化葡萄汁、白砂糖而制成的，酒精度为15%vol ~ 22%vol的葡萄酒。利口酒的种类较多，主要有柑橘类、樱桃类、蓝莓类、桃子类、奶油类、香草类、咖啡类等。

还有一些特殊的利口酒，比如德国的野格酒（Jägermeister），由56种来自不同国家的草木鲜花、水果和食物添加剂调制而成。野格酒的原料按照不同的比例配制，在酒精度大约是70%vol的谷物蒸馏酒和水的混合物里面浸渍2～3天，浸解的过程要进行多次，大约要持续5个月，然后在橡木桶里面经过一年的窖藏，最后将这些原料提取液和酒基、水等混合进行调制。此外，法国的廊酒（DOM Benedictine Liqueur）也是一种比较特殊的利口酒。廊酒是一种提取多种植物香气物质配以白兰地为酒基制成的利口酒，酒精度较高（40%vol）且糖分充足。其香气原料有柠檬皮、小豆蔻、牛膝草、白苦艾、薄荷、百里香、肉桂、肉豆蔻、丁香、山金车等。

5 露酒走向国际，有哪些优势？

中国酒第一次享誉世界，是在1915年的“巴拿马万国博览会”上，中国政府积极组织多家酒企参展，荣膺1200余枚奖牌，取得的辉煌成就，举世公认。一百多年后，中国作为全球最大的贸易国，产品遍布全球，但由于中外文化差异，酒类产品未能高度融入国际市场。近年来，随着我国国际影响力的扩大以及产品竞争力的提升，不少酒企将目光转向海外，希望开辟“蓝海”市场，让中国酒更好地走向世界。

相较于其他酒种，露酒具有天然的国际化优势。首先，露酒种类多样，面向的消费者跨度范围更广，酒精度、加工工艺、口感、色泽的多元化赋予其时尚与现代感；其次，露酒的酒精度相对较低，更容易被广大消费者所接受；此外，露酒原辅料中添加了功能活性物质，适应追求健康生活的普世价值观，承载着健康、传承、养生、阴阳调和、天人合一等理念，独具特色的中国传统文化一经传播，或在国际上形成强大的影响力。

在历史上，露酒也曾多次作为国礼以及国宴用酒。1987年5月，在巴黎国际酒展上竹叶青酒斩获特别品尝酒质金奖、外国出口酒质第一名；1990年在第十四届巴黎“国际食品博览会”上，竹叶青酒再次荣获金奖，这些荣誉证明了世界酒业对中国露酒的认可。为了更好地打入海外市场，露酒企业未来应更加注重品牌形象的树立，力争使露酒走上一条高端、时尚、健康、多样化的道路。

6 露酒与配制酒有何差异？

很多人认为露酒属于配制酒，其实不然。那该如何区分露酒与配制酒？新版国标分别从酒基、工艺上对露酒和配制酒作了区分，两者都属于饮料酒，但又有不同。首先在酒基上，露酒以黄酒、白酒（不包括调香白酒）为酒基，配制酒以发酵酒、蒸馏酒、食用酒精为酒基；在原辅料选用上，露酒的原辅料是“药食两用、特定食品原辅料、符合相关规定”，配制酒的原辅料则为“可食用、食品添加剂”；在工艺上，露酒采用“浸提、复蒸馏”等工艺，配制酒则是“调配、再加工”；在食品添加剂使用上，露酒未提及，配制酒则明确“可添加食品添加剂”。从以上可以看到露酒要求严格，配制酒的要求较宽泛。从产品风格上来讲，露酒可分为花果型、动植物芳香型、滋补营养型等酒种，而配制酒可分为果蔬汁型啤酒、果蔬味型啤酒、利口葡萄酒、加香葡萄酒、果酒（配制型）、调香白酒、风味威士忌、风味白兰地、风味伏特加、风味朗姆酒、金酒（配制型）、调配白兰地及其他配制酒。

	酒基	原辅料	工艺
露酒	黄酒、白酒	药食两用、特定食品原辅料、符合相关规定	浸提、复蒸馏
配制酒	发酵酒、蒸馏酒、食用酒精	可食用、食品添加剂	调配、再加工

露酒新标准的发布，将露酒从配制酒中剥离。露酒新标准跟之前的老标准（采用配制酒标准）对比，要求更严格，使用的原料、工艺更严苛。露酒新定义的明确，从概念上清晰露酒标准的同时，也为露酒未来的发展做好了铺垫。露酒改变了原有的酒基风格，并且明确以药食同源食物作为原料，更注重适口性和寓饮于补的效果。因此，露酒在品质表达与价值提升中更符合现代消费者需求的饮品。

国内外“露酒”酒瓶上的度数符号代表什么？

我们选购酒精类饮料时，酒瓶上的酒精度是决定选择与否的一项重要指标。酒标上出现的ABV、vol、alc、Proof、ABW、°P等不同符号都是什么意思，它们之间又该如何换算呢？

ABV是alcohol by volume的缩写，意思是酒中乙醇的体积分数，是最为常见的酒精单位。它是指酒液温度在20℃时，酒中乙醇的体积分数，一般用“××%（ABV）”来表示。如果一款酒酒精度标注为“35%（ABV）”，那就意味着100mL的这款酒中，乙醇的含量为35mL。酒精体积分数表示法是由法国化学家盖·吕萨克（Gay Lusaka）发明的，是国际通用的标准酒度表示法。

ABV常标示为vol/alc，vol是volume（容积、体积）的缩写，alc则为alcohol（酒精）的缩写，同样表示酒中含乙醇的体积分数，因此有时“30%（ABV）”也会写成“alc 30%”或“30%vol”。

Proof意为酒精纯度，它的使用可以追溯到16世纪的英格兰。当时，烈酒根据其酒精含量以不同的税率征税，并会通过在酒液中浸泡一粒火药来测试烈酒，如果火药仍然可以在酒液中燃烧，那么这款酒就会以更高的税率征税。但在1816年，火药测试被官方以测量密度正式取代。英国从1980年全面开始使用ABV，如今Proof这个用法多见于美国的酒，一般来说，当Proof换算成ABV时，只要直接除2即可，如酒瓶上标有“101Proof”，可认为50.5%vol的意思。

ABW是alcohol by weight的缩写，意为酒精质量分数，即酒中乙醇的质量分数。这个单位比较少见，有一些啤酒生产商会使用，但使用ABW在换算时会稍微复杂一些，一般来说，酒精质量分数约等于酒精体积分数的80%，即1ABW约等于0.8ABV。而且，由于水和酒精的共混相容性，酒精体积分数（ABV）和酒精质量分数（ABW）的转换标准并不会始终保持一致，而是会根据酒精的浓度变化而变化。例如，当酒精质量分数达到100% 时，其酒精体积分数也会达到100%。

°P常用于啤酒，是“plato”的缩写，翻译过来就是柏拉图度。事实上，啤酒是用麦芽汁发酵制成，柏拉图度指的是麦芽汁中的固形物与麦芽汁的质量百分比，因此对啤酒而言，°P表示原麦芽汁浓度，而非酒精度数。此外，“原麦芽汁浓度”也是鉴定啤酒的一个硬性参考指标，一般来说，麦芽汁浓度越高，营养价值就越好，同时酒味也会愈发醇厚柔和，保质期也更长。

8 如何挑选高品质的露酒？

团体标准《露酒》、国家标准《饮料酒术语和分类》两项标准的发布和实施，使露酒与蒸馏酒、发酵酒、配制酒并列为四大酒种，为露酒的品质升级开辟了高速公路。露酒品类多元、功能多类、风味多样化，消费者跨度更加广泛。在老龄化社会来临之际，露酒保健功能在吸引高年龄层消费者的同时，被功能风味兼具的露酒吸引的80后、90后消费群体也在崛起。面对琳琅满目的露酒产品，如何挑选高品质且适合自己的露酒产品呢？

（1）一看：看包装、看配料表、看酒体

看包装：包装分为酒瓶和酒盒（有些光瓶酒没有酒盒），酒瓶和酒盒作为酒的承载体，首先是存储运输的关键，其次也代表了酒的品牌形象。一般而言，高品质的露酒，选择的包装都会比较精致，酒盒/酒瓶上图案文字印刷清晰鲜明，套色精准，裁边整齐，而且会用一定的凹凸工艺，诸如，商标、配料表、执行标准、总糖、产地、联系方式、储存方式、饮用方式、饮用禁忌等信息标识明确。而通常一些低劣露酒制作都比较粗糙简略。高品质露酒的酒瓶一般会选晶莹剔透的晶白料玻璃（玻璃瓶质量和价格：晶白料 > 高白料 > 普白料）制作而成，透亮的玻璃瓶体能更好地展现酒体色泽。为了保障运输过程中的安全不碎，因此酒瓶重量（酒瓶克重）都较重。一次性开启的瓶盖，防伪完整，制作精良，不会漏液。低劣露酒则可能酒瓶玻璃透明度低，瓶身较轻，瓶盖做不到一拧即开。

看配料表（看标准）：之前露酒采用的是GB/T 27588—2011（执行标准必须要标注在包装上）旧的国家标准，最新露酒标准为《饮料酒术语和分类》（GB/T 17204—2021）和《露酒》（T/CBJ 9101—2021）。首先配料中酒基的选择，只能是白酒（最好是固态纯粮白酒）或黄酒，其他原料必须选自药食同源及新食品原料目录。另外为了改善露酒的口感，会加入一些甜味剂，如代糖、白砂糖、蜂蜜等，一些露酒为了降低成本，会选用阿斯巴甜、安赛蜜等（价格和效果：蜂蜜>白砂糖>甜味素），但最好是选用蜂蜜，蜂蜜既能调节口感，又有润燥的效果。

看酒体：根据露酒标准，从酒的外观和色泽上看，要求酒体清澈透亮，无悬浮物、无沉淀，在室温下，对酒瓶进行摇晃，品质好的露酒不会有悬浮物或者沉淀。

（2）二闻：闻酒香

高品质的露酒诸香协调，既有酒的香气又有花、果、药的香气，不会出现刺鼻的气味，香气令人愉悦舒畅。

（3）三品：品酒味

将酒倒入杯中，轻嘬一口，感受酒体的完整度。高品质的露酒酒体完整醇厚，口感爽净，余味悠长，饮后舒适，不会出现适口性差（苦、辣、寡淡等）、难以下咽的情形，并且高品质的露酒，饮后醒酒快，不口干不头痛。

项目	要求
外观和色泽[a]	酒体清亮，无悬浮物，无沉淀[b]，或具有本品应有的外观和色泽
香气	具有本品特有的香气，诸香谐调
口味口感	具有本品特有的口味口感，酒体完整
风格	具有本品典型风格
a. 不适用于酒体具有原料形态的产品。 b. 自生产日期三个月后，允许有少量沉淀、褪色。	

（摘自露酒团体标准 T/CBJ 9101—2021）

9 露酒与年份酒有什么关系？

年份酒是一个“官方”的概念。为什么要划分年份酒呢？因为不同年份的陈年酒在口感、质量、风格方面有很大的不同之处，酒厂用年份作为区分，方便消费者进行选购。年份酒的概念存在一定的误解，很多人都以为年份酒的具体年份就是整瓶酒存放的时间，其实不然，年份是指用于勾调的酒基的“年龄”。

中国酒业协会在2021年12月31日发布的T/CBJ 9102《露酒年份酒（白酒酒基）》团体标准对露酒年份酒作出了规定。露酒年份酒是以白酒年份酒为酒基，加入按照传统既是食品又是中药材或特定食品原辅料或符合相关规定的物质，经浸提和（或）复蒸馏等工艺或直接加入从食品中提取的特定成分制成的，不直接或间接添加食品添加剂，具有特定风格的饮料酒。该标准明确了露酒年份酒的定义，提出露酒年份的计算方法，即露酒酒基的贮存加权时间，以年记。具体指年份包含白酒酒基年份、酒基浸提年份和（或）提取后贮存年份加权总和。

年份酒包装要在“酒盒”正面印刷“年份”字样，并在

“酒盒”侧面印刷（或贴标签）有关露酒年份酒的执行标准等。年份酒产品标签还应包括但不限于以下信息：年份年限、年份酒详细信息查询入口等。标注方法按照下图：

中国酒业协会露酒年份酒包装示意图

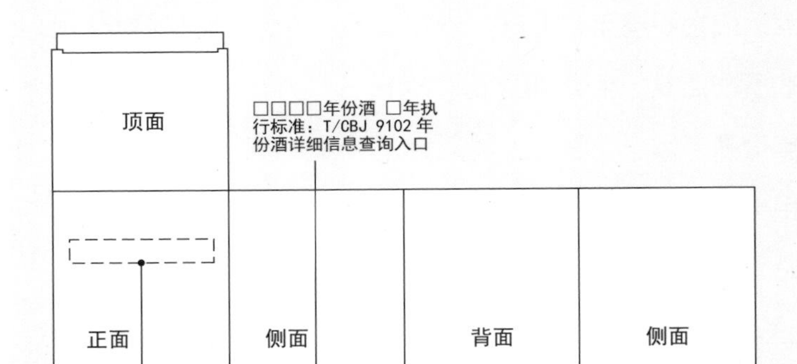

酒盒正面：
需印刷“年份”字样，格式统一（年份酒：□年）。

酒盒侧面（单面）需印刷（或贴标签）格式统一的年份酒详细信息：
1. 具体“年份”字样：（口口口口年份酒 · 口年）。
2. 执行标准：T/CBJ 9102。
3. 年份酒详细信息查询入口。

以劲牌毛铺草本年份酒（12年）为例，毛铺酒12年年份酒是用不低于12年的酒基，按照毛铺草本年份酒12年标准精心勾调而成，未添加任何香气物质。那么，对于消费者而言，这是不是一种“概念的混淆”呢？其实，酒厂这么做有客观和主观的原因。酒厂都有生产规律，物质也有组成规律，因为不同酒精浓度、不同香型、不同轮次、在不同储存容器和不同储存环境条件下的不同年龄的酒，品质会有差异，单纯是某一年份、某一轮次的贮存老酒，若未经勾调，未经严格的理化分析，香味组合成分的量比关系会参差不齐甚至失调。因此，毛铺酒的勾调是一个复杂、动态的过程。要勾调出色、香、味俱佳，口感风格相对恒定的毛铺12年酒，要用少则三四十种，多则一百多种，甚至更多不同年份、不同轮次、不同典型酒体、不同酒精度的酒样来调配融合，这就叫做“酒体设计”。除此之外，不同批次的毛铺年份酒，因参与勾调的酒样不完全一样，物质组成必然是个变量。为了保证彼此基本一致的口感质量，毛铺酒制定了实物标准，以确保各批次酒的质量。所以具有大数字的年份酒并非陈年老酒，而是具有统一标准的特定“年份酒”。作为普通酒精类饮料爱好者，酒的口感好、酒质上佳、价格实惠才是最佳选择。

10 露酒适合哪类人喝，有无禁忌？

露酒不仅风味多样，丰富的药食同源原料还有助于舒筋活血、促进食欲、增强身体免疫力，具有很好的健康养生价值。那么露酒适合什么人饮用呢？健康和亚健康人群都可适量饮用露酒；有基础疾病、对酒精过敏的人群则不建议饮用。

饮用露酒的禁忌为：

（1）孕妇、哺乳期妇女、18岁以下未成年人不宜饮用；

（2）酒精过敏或对某种原料过敏者不宜饮用；

（3）患有心脑血管疾病、糖尿病或者高血压、肝功能不全等基础疾病患者不宜饮用。

参考文献

[1] GB/T 17204—2021 饮料酒术语和分类.

[2] GB/T 15109—2021 白酒工业术语.

[3] GB/T 13662—2018 黄酒.

[4] GB/T 17946—2008 地理标志产品 绍兴酒（绍兴黄酒）.

[5] T/CBJ 9102—2021 露酒年份酒（白酒酒基）.

[6] T/CBJ 9101—2021 露酒.

[7] GB 7718—2011 食品安全国家标准 预包装食品标签通则.

[8] 孙宝国.国酒[M].北京: 化学工业出版社, 2019.

[9] 毛健.黄酒酿造关键技术与工程应用[M].北京: 化学工业出版社, 2020.

[10] 毛健.国酒 黄酒[M].北京: 化学工业出版社, 2022.

[11] 王赛时.中国酒史[M].山东: 山东画报出版社, 2018.

[12] 蒋雁峰.中国酒文化[M].长沙: 中南大学出版社, 2013.

[13] 周嘉华.中国传统酿造酒醋酱[M].贵州: 贵州民族出版社, 2014.

[14] 张国强.中国白酒工艺的传承与创新[J].酿酒, 2018,45（03）: 7-8.

[15] 陈麒名, 冯霞, 张蓓蓓, 等.中国黄酒的微生物多样性与风味的研究进展[J].食品与发酵科技, 2021, 57（06）: 77-82.

[16] 牛曼思, 李姝, 杨阳, 等.我国露酒研究进展及主流产品开发特点[J].中国酿造, 2022, 41（12）: 1-8.

[17] 牟穰, 毛健, 孟祥勇, 等.黄酒酿造过程中真菌群落组成及挥发性风味分析[J].食品与生物技术学报，2016, 35（3）: 303-309.

[18] 油卉丹, 毛健, 周志磊.不同种类大米黄酒酿造的差异性分析[J].食品与生物技术学报，2019, 38（3）: 39-45.

[19] 曹晓念, 周志磊, 刘青青, 等.基于香气成分的红茶品种比较分析[J].食品与发酵科技，2020, 56（3）: 118-122.

[20] 刘少璞, 周志磊, 姬中伟, 等.全二维与一维气相色谱质谱联用技术解析苏派黄酒挥发性组分[J].食品与发酵工业，2022,48（9）: 223-229.

[21] 周佳冰, 张雅卿, 刘双平, 等.黄酒酵母在黄酒发酵过程中产芳香醇差异分析[J].酿酒科技，2020（10）: 30-37.

[22] 叶芝红, 吴生文, 彭辉, 等.葛根露酒澄清工艺及稳定性研究[J].酿酒科技, 2022（02）: 56.

[23] 倪书干, 杨强, 童国强.毛铺苦荞酒活性炭过滤与冷冻过滤对比研究[J].酿酒科技, 2017（12）: 69-72.

[24] 孙宝国, 黄明泉, 王娟.白酒风味化学与健康功效研究进展[J].中国食品学报, 2021, 21（05）: 1-13.

[25] 张洪坤, 吴桂芳, 黄玉瑶, 等.黄精不同九制炮制的过程研究[J].时珍国医国药, 2019, 30（03）: 602-605.

[26] 刘慧敏, 刘雪梅, 江雨柔, 等.酒在中药制药与用药过程中的古今研

究进展[J].中草药, 2022, 53（11）: 3538-3549.
[27] 杨道强, 陆胜民, 夏其乐, 等.灵芝酒浸提过程中主要功能成分的变化及抗氧化作用研究[J].食品与生物技术学报, 2016, 35（02）: 205-210.
[28] 李继海, 程慧敏, 孙广仁.鹿鞭酒的生物效应评价研究[J].安徽农业科学, 2009, 37（03）: 937-938.
[29] 郑周田, 赵东.鹿血酒生产工艺和保健功能研究进展: 聚焦品牌、建立诚信、推广产业模式、提升产品价值——第四届（2013）中国鹿业发展大会[C].湛江, 2013.
[30] 周永升, 覃浩锋, 谭凯丹, 等.4种杀菌方式对桑葚露酒品质的影响[J].食品安全质量检测学报, 2021, 12（20）: 8105-8112.
[31] 张松, 孙丽, 李悦.香叶醇在医学领域的应用研究进展[J].西北药学杂志, 2017, 32（1）: 124-126.
[32] 郑蕾, 屠婷瑶, 牛曼思, 等.露酒风味感官特征及其风味轮的构建[J].酿酒科技, 2020（9）: 50-57.
[33] 陈慧,马璇,曹丽行,等.运动疲劳机制及食源性抗疲劳活性成分研究进展[J] .食品科学,2020,41（11）:247-258.
[34] 沈赤, 毛健, 陈永泉, 等.黄酒多糖对免疫缺陷小鼠血清免疫相关因子的影响[J].食品科学, 2015, 36（05）: 158-162.
[35] 史瑛, 冯欣静, 周志磊, 等.黄酒多糖对炎症性肠病及便秘作用机制的研究进展[J].食品与发酵工业, 2021, 47（9）: 275-283.
[36] 冯瑞雪, 史瑛, 姬中伟, 等.黄酒多肽的多级分离纯化及其对小鼠

巨噬细胞免疫调节的影响[J].食品工业科技, 2020, 41（13）: 289-295.

[37] 刘洋, 陈会英, 范雪枫, 等.灵芝多糖辅助DNA疫苗对小鼠肿瘤免疫治疗的影响 [J].中国食品学报, 2022, 22（5）: 84-91.

[38] 程云环，滕井通，张爱民，等 .怀山药及其零余子多糖抗氧化活性的比较研究 [J].内蒙古农业大学学报，2014，35（6）: 68-71.

[39] 黄婷，刘茗铭，王媚，等.植物露酒中黄酮类化合物功效及检测技术研究进展[J].食品与发酵工业，2021，47（21）: 303-311.

[40] McGovern P E, Zhang J, Tang J, et al.Fermented beverages of pre- and proto-historic China[J].Proceedings of the National Academy of Sciences,2004,101（51）: 17593-17598.

[41] Xing C, Qin C Q, Li X Q, et al.Chemical composition and biological activities of essential oil isolated by HS-SPME and UAHD from fruits of bergamot[J].Food Science and Technology, 2019, 104: 38-44.

[42] Fan Y,Wu X G,Miu H, et al.Effect of scutellaria barbata flavonoids on β-amyloid protein-induced injury in rats astrocytes[J].Herald of Medicine, 2015,34（2）:14-15.

[43] Yassa N，Masoomi F，Rankouhi S E R，et al.Chemical

composition andantioxidant activity of the extract and essential oil of Rosadamascena from Iran，population of Guilan[J].DARU-Journal of Pharmaceutical Sciences，2009，17（3）：175-180.

[44] Zhao C W，Giusti M M，Malik M，et al.Effects of commercial anthocyanin-rich extracts on colonic cancer and nontumorigenic colonic cell growth[J].Journal of Agricultural and Foody Chemistry，2004，52（20）：6122-6128.

[45] Stoner G D，Wang L S，Chen T.Chemoprevention of esophagealsquamous cell carcinoma[J].Toxicology and Applied Pharmacology，2007，22（11）：337- 349.

[46] Afaq F，Saleem M，Kueger C G，et al.Anthocyanin and hydrolysable tannin rich pomegranate fruit extract modulates MAPK and NF kappa B pathways and inhibits skin tumorigenesis in CD-1 mice[J].International Journal of Cancer，2005，113（3）：423-433.